福建土堡

FUJIAN TUBAO

戴志坚　陈　琦　编著

中国建筑工业出版社

图书在版编目(CIP)数据

福建土堡／戴志坚，陈琦编著．—北京：中国建筑工业出版社，2013.10
ISBN 978-7-112-15818-8

Ⅰ．①福… Ⅱ．①戴… ②陈… Ⅲ．①民居-介绍-福建省
Ⅳ．①TU241.5

中国版本图书馆CIP数据核字（2013）第210529号

责任编辑：唐 旭 吴 绫
责任校对：张 颖 陈晶晶

福建土堡

戴志坚 陈 琦 编著

*

中国建筑工业出版社出版、发行（北京西郊百万庄）
各地新华书店、建筑书店经销
北京方舟正佳图文设计有限公司制版
北京方嘉彩色印刷有限责任公司印刷

*

开本：880×1230毫米 1／16 印张：15¼ 字数：420千字
2014年3月第一版 2014年3月第一次印刷
定价：168.00 元
ISBN 978-7-112-15818-8
(24567)

目　录

【壹】话说福建土堡 5

HUASHUO FUJIANTUBAO

【贰】土堡群芳谱 23

TUBAO QUNFANGPU

【壹】

HUASHUO
FUJIAN TUBAO

话说福建土堡

福建土堡

一、福建土堡的定义

“堡”在《辞海》中意为“土筑的小城。《晋书·苻登载记》：‘徐嵩、胡空各聚众五千，据险筑堡以自固。’现泛指军事上的防御建筑。”与“堡”近义的字，还有城、壁、垒、寨、坞等。据《辞海》解释，“城”是旧时在都邑四周用作防御的城垣；“壁”是营垒；“垒”是军营四周所筑的寨堡；“寨”是防卫所用的木栅，引申为军营；“坞”是构筑在村落外围作为屏障的土堡。上述这些具有防御色彩的文字多带有“土”字偏旁，说明最早的防御性军事构筑物是以土为建造材料的。

“土堡”在福建的族谱县志中，指代所有土楼和土堡，其类型大致可分为围城式、碉堡式、家堡合一式。这种防御性极强的居住建筑大多集中在福建省西南部、中部的山区各县。如今，地处闽南、闽西山区的土楼已成为举世瞩目的世界文化遗产，而同样造型奇特、同属于集防御与民居于一体的土木建筑的闽中土堡正走出深山，逐渐引起国内外专家、学者的关注。

需要强调的是，这里所指的“闽中”是纯以地理区位来划分的一个特定地区，其范围以三明市的各县为主，也包括福州市西部、泉州市西北部以及龙岩市漳平县北部的多山丘陵地区。还需要说明的是，这里的“土堡”特指由四周极其厚实的土石墙体环绕着院落式民居组合而成的防御性建筑。那些用墙体围合起整个城市或者整个乡镇、村庄，堡内有街有市的城堡、村堡、寨堡，不在本书讨论的范围，如漳浦县的赵家堡、永安市的贡川堡就不归入土堡范畴。

福建土堡是当地的先民们从实际防御需求出发创造出来的乡土建筑。外围用石头垒砌基础，用生土夯筑成高大厚重的封闭式墙体；墙体内二层或三层建有畅通无阻的跑马道，墙上安装内大外小的斗型窗户和密集的枪孔，门顶上设置注水孔；在土堡的四角或合适的位置，建有碉式角楼；内部建筑多为木构，按照当地常见的传统民居风格建造，生活设施一应俱全。土堡平时可以供人居住，土匪和强盗来袭时又可保卫安全，甚至还可以封闭数月。也有一部分土堡平时不住人，只有在遇到土匪流寇袭击的时候，村民或者族人才暂时居住其中。

福建土堡这种以防御为主、居住为辅的建筑形式，使其有别于其他防卫区与生活区合为一体的防御性建筑。福建土堡和闽西南的土楼、赣南的围屋、粤东的围垅屋地缘相近、外形类似，都具有一定防御性，但在结构、布局等方面又存在差异。最主要的差异在于：土堡的堡墙不作为建筑的受力体，外围的木结构体系独立存在，而土楼的外墙为承重墙，并联建其他建筑；土堡的外墙厚达2～6米，墙体内设封闭的通廊，而围屋、围垅屋的最外部是房间，外墙既是防卫围墙，也是每个房间的承重外墙，防御功能不如土堡。

综上所述，福建土堡是一种位于福建省中部山区的独特的防御建筑，外部为高大土石堡墙，内部为院落式民居，可供人居住，也可封闭御敌。土堡多以“堡”、“寨”命名，如安贞堡、聚奎堡、东关寨，也有少数用“堂”、“楼”等命名，如重光堂、正远楼。

二、福建土堡产生的原因

特殊的社会形态、特殊的地理环境是土堡产生最主要的因素，宗族组织则是营造土堡最重要的力量。

福建是以中原南徙的移民为主体而建构起来的社

会。在历史上记载西晋“永嘉之乱”之后，南来的北方移民迁进至闽粤赣三角地区，并逐渐到达闽江上游的沙溪流域。闽中是福建开发最迟的地区，外地移民众多。大量的南来北往的移民以强劲的姿态影响着原住民的生产生活，各族群为了争夺生存空间和生产资源而发生的冲突不计其数。家族间在迁徙过程中形成了牢不可破的血缘关系、地缘关系和利益关系。土堡是最能体现家族割据色彩的民居建筑之一。为了守住家园、繁衍生息，只有聚族而居。加之时局动乱、盗寇流窜，土堡这种牢固的防御性建筑便应运而生。

闽中处于武夷山脉、戴云山脉之间纵横交错的山地、丘陵等组成的大小山间盆地。这里竹木和矿藏资源丰富，土地肥沃适宜农耕，百姓生活比较富庶，这自然引起匪寇的垂涎，烧杀抢掠事件频频发生。这里山谷阻隔，交通闭塞，与外地交往较为困难，往往成为盗寇窝藏之地。何况这里是多县交界之处，历史上府、州、县数次变迁，山高皇帝远，即使匪患成灾，朝廷也鞭长莫及，衙门自顾不暇。在这样特殊的地区，为了保护来之不易的财富和更为重要的身家性命，各家族、各村庄建寨筑堡的现象比比皆是。

大田县魁城村《镇中堡志·序》对建造该堡的社会背景和目的这样记载：“盖闻古来筑城池为郡县屏翰之固，辟山寨为乡里保守之猷，御强寇保身家固地方，御外而卫内，治平之时也。观夫当今之世，偷安日少，战争日多，数年间干戈抢劫，家室靡宁，奔走不遑，民之流离失所者繁矣，家之十室九空者屡矣，又有绿林四处云集，昏夜出没无常。吾乡莲花寨，虽云险峻而僻在水尾，即或有危之际搬运不及，奚暇御寇。兹阖乡会议，于中央洋作立一堡，号镇中堡……”。宁化县石壁村《清河郡张氏重修族谱》记载了建造土堡的情况：“吾乡土堡先世未有，始自顺治八年（1651年），族贤国维公讳一柱者，纠集叔伯，捐资买三房正儒之田，方广七十余丈。乃平地筑墙……南北角设两耳，俗名铳角。堡内架屋二十四植，每植三层，高出墙屋。”由此可见，土堡的建造，其实质就是举一家、一族甚至一村之力，模仿城池、山寨的规制，外筑堡墙，内建院落，聚众居住并防守，以达到防寇御敌、自卫保家的目的。

土堡产生的原因大体可分为主动防御、被动兴建、富裕自卫和合力自卫四类。

1. 主动防御

这是早期土堡产生的主要原因。清同治八年（1869年）重刊的《宁化县志》卷一“建置”载：“隋大业之季……其时土寇蜂举，黄连人巫罗俊者，年少负殊勇，就峒筑堡卫众，寇不敢犯，远近争附之。”黄连是宁化的古称，巫罗俊是黄连镇创建者。从宁化学者、巫氏后裔开展的田野调查中分析发现，在原黄连县治所在地（城关）、淮土长溪岸边都建有不少此类土堡。究其原因，就是北方汉人南迁入闽，新到一地，为了休养生息，主动建造土堡，聚众而居，共同抵御匪寇，争得一块生存之地。

2. 被动兴建

这是明清时期土堡大量产生的主要原因。明清以来，社会动荡不安。从明正统十三年（1448年）邓茂七揭竿起义，到明嘉靖年间倭患严重，再到清朝末年外忧内患，以及民国军阀混战，可谓时局动荡，匪寇横行，生灵涂炭。许多山乡出现了有路无人行、有屋无人住、有田无人耕的困境，于是闽中境内各地又纷纷建起土堡。如永安市小陶镇大陶口村的正远楼，堡内的二进殿堂式建筑始建于清咸丰四年（1854年），却在咸丰九年（1859年）被土匪烧毁，遂于同治二年（1863年）重建并筑起堡墙。

3. 富裕自卫

这类土堡的特点是规模较大，结构精巧，房屋众多，装饰讲究。如沙县凤岗街道水美村的三座土堡建于清道光年间，创建者是张顺治三兄弟。张氏家族从安溪迁徙到沙县定居，以种植和加工茶叶为生，兼收购周边农民的茶叶销往福州等地。经过几代人的辛勤劳作，渐渐积攒财富，成为方圆几里内的大户。为了安居乐业，防备土匪和盗贼的侵扰，先后兴建了双吉、双兴、双元三座土堡。据说当时张氏兄弟特地往省城福州，托人找官办设计局设计了土堡的图纸，回来后聘请当地和老家的能工巧匠施工。

4．合力防卫

这类土堡的特点是规模不大，注重实用，不重装饰。如，大田县太华镇小华村的泰安堡为家族共有型，明末清初由村中林氏宗亲共同合资建造，清咸丰八年（1858 年）进行改造扩建；大田县太华镇魁城村的镇中堡为异姓合建型，始建于清顺治七年（1650 年），由村中连、陈、范、卢、魏、林等六姓共建；大田县武陵乡上岩村的聚星楼始建于清咸丰年间，相传该土堡先是由村民杨占瑶自建，后财力不够半途而废，便联合村中 6 户共同承建完工，故取名“聚星楼”，又名“七星楼”。

三、福建土堡的分布

从大量田野调查结果和资料来看，福建土堡主要分布在三明市的大田、尤溪、永安、沙县、宁化、清流、将乐、明溪、建宁、泰宁、梅列、三元，泉州市的永春、德化、南安、安溪，龙岩市的漳平，福州市的闽清、福清、永泰、闽侯，宁德市的古田等地区。据不完全统计，历史上闽中地区大约建有土堡万余座，现在仅存 500 多座，其中保存较好的有 150 多座，土堡的原始状态和格局基本不变、保存完整的只有 40 多座，主要集中在三明的永安、大田、尤溪和周边的三元、梅列，龙岩的漳平，泉州的德化、永春，福州的永泰、闽清（图 1-3-1）。

从地理环境、土堡建造年代、建堡技术的传承等方面分析，三明是土堡这种古代防御性乡土建筑的中心。下面引用三明市刘晓迎先生和李建军先生提供的有关资料，以三明为例来分析闽中土堡的分布和数量。

自隋末唐初至今，三明境内诞生了多少座土堡，已无法考证和确定。根据地方志、族谱、传记等有关记载和实地考察得知，三明市所属 12 个县（市、区）均有土堡。《沙县志》（1992 年版）记载：“……清中叶后，由于社会动荡，兵匪横行，几乎每个村庄都建有土堡。”明清时期沙县全境有村庄近 600 个，由此推断，清中叶后沙县境内土堡不少于 500 座。宁化、清流、明溪等县的情况与沙县差不多，永安、大田、尤溪三个县的土堡比沙县还多。何况在三明境内，许多村庄或乡镇都有土堡群落存在。如宁化县的延祥村，清流县的灵地村、田中村，永安市的福庄村、忠洛村，沙县的水美村，尤溪的书京村都有 3 座以上的土堡；大田县的福塘有 4 座土楼，魁城有 5 座土堡，丰庄有 6 座土堡；永安市小陶镇的大陶洋片区，有正远楼、永盛楼、允升楼、固吾圉堡、永峙楼、黄城寨等多座土堡。宁化县的石壁、泉上、淮土、方田乡，清流县的长校、李家、灵地、邓家乡，明溪县的夏阳、瀚溪、沙溪乡，永安市的西洋、洪田、小陶、青水乡（镇），大田县的广平、太华、均溪镇，尤溪县的台溪、中仙、梅仙镇等，都是有名的土堡群落乡镇。有些村庄干脆就用土堡命名，如土堡村、土楼村、上土堡村、下土楼村、里土堡村、土楼内村、老土楼村等。据刘晓迎先生调查，直至 20 世纪 80 年代，梅列区还有 1 个乡镇 2 个村庄，明溪县有 4 个乡镇 5 个村庄，建宁县有 4 个乡镇 15 个村庄，清流县有 5 个乡镇 7 个村庄，宁化县有 5 个乡镇 13 个村庄，沙县多达 8 个乡镇 17 个村庄都以土堡、土楼来命名，足见土堡的重要地位和当时繁盛一时的景象。

三明市的大田、尤溪、永安是土堡最为集中的地方。大田土堡现存数量最多（完整、不完整以及遗址类的土堡 300 余座），年代最早（建设镇的琵琶堡建于明洪武年间），种类最丰富。大田土堡群以其构筑奇特、防御性强，被列入 2009 年度第三次全国文物普查“重要新发现”。由安良堡、芳联堡、广崇堡、琵琶堡、泰安堡等土堡组成的“大田土堡群”，2013 年被列为全国重点文物保护单位。尤溪土堡现存近 100 座，土堡建筑汲取和借鉴其他地区建筑技术与装饰艺术比较突出，含有土楼、围屋等元素。永安土堡现存 100 余座，其中槐南乡的安贞堡为福建现存规模最大、保护最完好、装饰艺术最精美的土堡，2001 年被列为全国重点文物保护单位（图 1-3-2）。

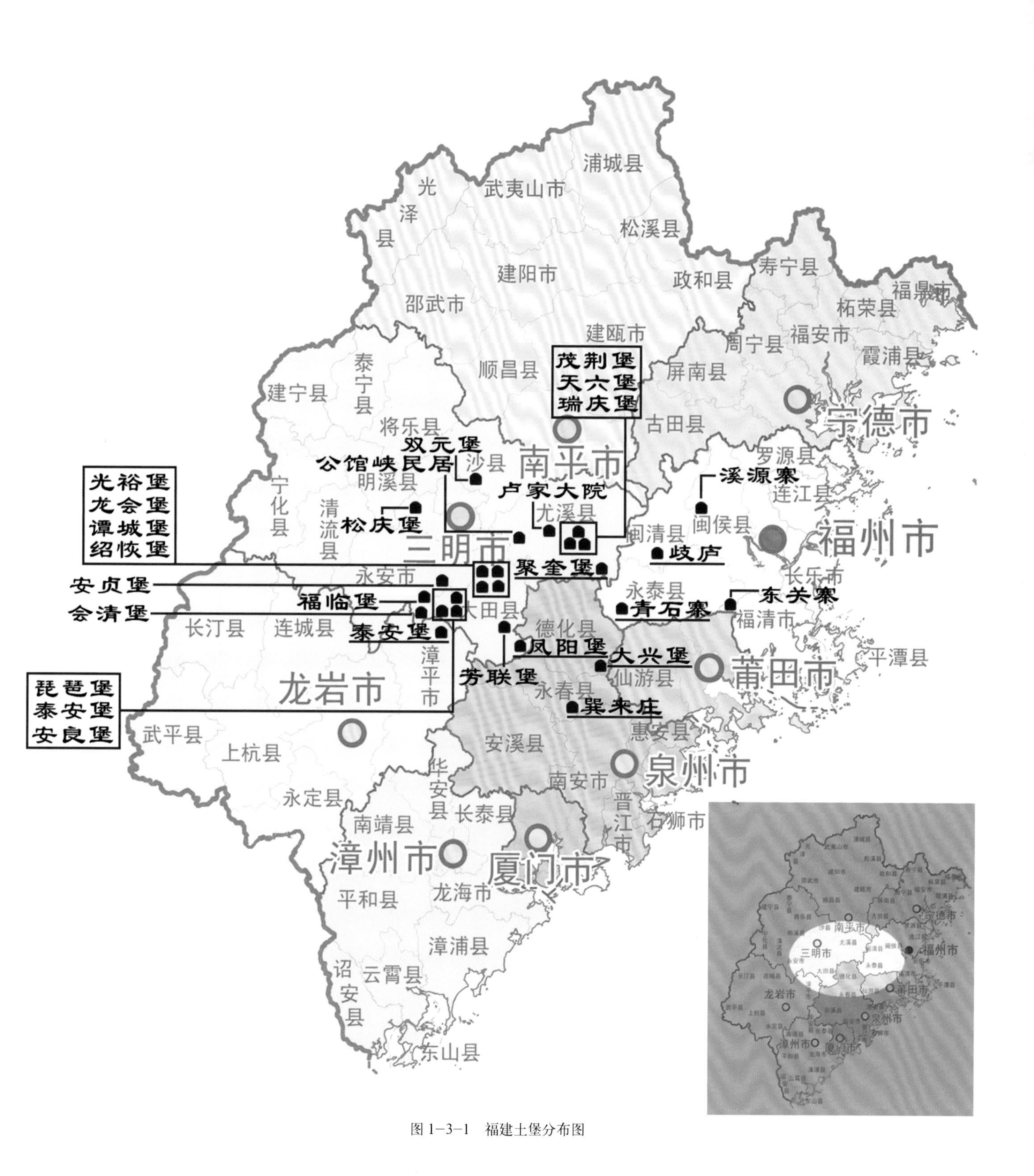

图 1-3-1　福建土堡分布图

图 1-3-2　福建现存规模最大、保护最完好、装饰艺术最精美的安贞堡

四、福建土堡的类型

1. 按功能分类

按照功能分类，可分为防御型土堡和堡宅合一型土堡。绝大部分土堡以防御为主，其构筑理念是特别强调安全，尤其注重防御设施的布建。这类土堡以永安安贞堡、大田潭城堡（图 1-4-1）、尤溪莲花堡（图 1-4-2）、宁化社背堡（图 1-4-3）等为代表。少数土堡以居住为主、防御为辅，其构筑形式有两种，一是在原已建好堂屋的合适位置添建碉式角楼；二是在新建堂屋时把碉式角楼有机结合在一起。堡宅结合的土堡以大田光裕堡（图 1-4-4）、绍恢堡（图 1-4-5），尤溪天六堡（图 1-4-6）、三元松庆堡（图 1-4-7）等为代表。此外，还有稀少的以居住为主的分离式土堡，如尤溪大福圳土堡，在主体建筑的前部、后部单独构建 3 座碉式角楼（图 1-4-8）。

图 1-4-1　大田县潭城堡

2. 按平面分类

按平面分类，可分为方形、前方后圆形、圆形、不规则形的土堡。方形土堡（含长方形堡）数量最多，约占土堡总量的 50%，以宁化社背堡、永安永盛楼、永峙楼、大田凤阳堡（图 1-4-9）、步云楼、泰安堡（图 1-4-10）、尤溪莲花堡等为代表。前方后圆形土堡比较多，以大田安良堡（图 1-4-11）、沙县双元堡（图 1-4-12）、三元松庆堡、梅列茂安堡等为代表。这类土堡有的不设碉式角楼，有的含有围垅屋、围屋的建筑因素。圆形土堡（含椭圆形堡）很少，以大田潭城堡、永安允升楼为代表。不规则形土堡（含“凸”字形、琵琶形堡）以将乐勘厚堡、永安易安堡（图 1-4-13）、会清堡（图 1-4-14）、大田琵琶堡（图 1-4-15) 为代表。

图 1-4-2　尤溪县莲花堡

图 1-4-3　宁化县社背堡

图 1-4-4　大田县光裕堡

图 1-4-5　大田县绍恢堡

图 1-4-6　尤溪县天六堡

图 1-4-7　三元区松庆堡

图 1-4-8　尤溪大福圳土堡

图 1-4-9　大田县凤阳堡

图 1-4-10　大田县泰安堡

图 1-4-12　沙县双元堡

图 1-4-11　大田县安良堡

图 1-4-13　永安市易安堡

图 1-4-14　永安市会清堡

图 1-4-15　大田县琵琶堡

3．按选址分类

按选址分类，可分为高岗堡、坡地堡、田中堡。高岗堡建在海拔较高的山冈上，利用悬崖峭壁作天然屏障，如大田琵琶堡、安良堡、尤溪聚奎堡（图 1-4-16）。坡地堡建在离村庄不远的山坡上，建筑高差大，错落有致，是最具有代表性的土堡，如大田绍恢堡、尤溪茂荆堡（图 1-4-17）、永安安贞堡。田中堡建在水田当中或平地，利用水或烂泥等自然条件御敌，如大田凤阳堡、潭城堡、泰安堡，永安会清堡。

4．按布局分类

按布局分类，可分为殿堂式、府第式、天井式土堡。福建大部分土堡的内院是合院式布局，与当地传统民居一致。殿堂式以方堡为多，其特点是堡内建筑中轴对称，主次分明，主屋高而横屋低，如清流上土堡。府第式从平面看为椭圆形，前有“门口池”，后堡呈半圆形，以永安安贞堡（图 1-4-18）、大田芳联堡（图 1-4-19）为代表。也有少数天井式土堡，其居住空间沿四周设置，内院中仅设主堂，如永安福临堡（图 1-4-20）、永峙楼、大田泰安堡。

图 1-4-16　尤溪县聚奎堡

图 1-4-17　尤溪县茂荆堡

图 1-4-18　永安市安贞堡

图 1-4-19　大田县芳联堡

图 1-4-20　永安市福临堡

五、福建土堡的发展过程

关于土堡的渊源，目前主要有两种观点：一是认为土堡由城堡、坞堡演化而来，土堡夯土技术是两晋时期“衣冠南渡”的中原人带来的；二是认为早在3500年前三明的先民们就会用土构筑建筑的墙体，土堡是土生土长的防御性建筑，是由山寨演变而来的。虽然两种观点相左，但土堡是封建社会动乱的产物，土堡始出隋唐的结论是一致的。

土堡构筑年代最早的是宁化县。如果《宁化县志》记载的巫罗俊筑堡卫众的史料确实的话，闽中土堡的始出年代可追溯到隋末唐初时期。宁化最早的土堡全为方形，防卫功能与城堡无异。其规模庞大，可以容纳整个家族居住，这是客家人立足未稳，需要群居而创建的特殊居处。但当时的土堡与明清时期土堡有一定差异，只能说是闽中土堡的初期。

唐末中原汉人第二次大迁徙，南迁汉人反客为主，主客比例高达1：4，土著不敢贸然侵犯，建土堡主要是用作匪寇侵扰时的临时逃避之所。宋元时期是土堡的发展期，土堡在三明其他地区兴起，而且防御设施进一步完善。

明末清初，由于朝代更替，朝廷腐败，社会动荡，闽中地区屡受流寇骚扰。为了便于集体防御，又兴建了大量的土堡。这个时期的土堡开始呈现出丰富的种类和形制，出现了前方后圆和不规则的平面形状。

随着社会治安的好转，土堡的防御性逐渐减弱，由原来的防御为主，转变为居住为主；防御对象由原来的土匪流寇，变为小偷强盗。从清末到民国，所建造的土堡与一般民居住宅的差异性变得更小，规模也更小。

六、福建土堡与福建土楼的异同

土堡与土楼不仅外观相似，而且都有强大的防御功能。无论是土堡还是土楼，都有厚实的夯土墙，并设有枪眼和注水孔，通常只设一个大门，内院设有水井，楼内设谷仓，便于长期驻守。

土堡与土楼不同之处主要有以下几点。

1. 始出年代不同

福建三明的土堡隋唐出现，福建土楼始于宋元。土堡的建造时间早于福建土楼。可以说先有三明土堡，后有福建土楼。

2. 功能分布不同

土堡以防御为主，外圈是只起防御设施作用的跑马道，一般只做防卫，很少住人，主要生活空间为内部合院式民居建筑。土楼以居住为主，生活起居位于外圈环楼，集防御与住宅于一体。土堡比土楼防御性能更强、更完善。

3. 平面布局不同

土堡是外部环楼和内部合院式民居的结合，有形状各异、大小不一的小庭院。土楼是单环楼或者多环楼，居住空间沿环周设置，各层设走马廊相通，环楼当中通常有宽敞的广场庭院。

4. 墙体材料不同

土堡的墙体底层为石块砌筑，二层以上用生土夯筑，墙体厚达2～6米，具有宽厚结实的特点。土楼的墙体为熟土夯筑，勒脚为鹅卵石，墙体厚1.5～3米，建筑出檐极大，具有牢固、不易裂、节省居住空间等特点。

5. 受力体系不同

土堡的堡墙不作为建筑的受力体，主体建筑多为木结构，根根柱子落地，柱上架檩，柱与柱之间的穿枋上立瓜柱承檩，其传力体系一般为屋面青瓦——瓦下木板——木梁——木柱——基础。土楼的墙体受力承重，内部环楼是穿斗木构架，搭在夯土墙上。正如黄汉民先生的分析：“福建的土堡，外观与土楼很相似，其外围土墙类似厚重的城墙，墙上设有防卫走廊，但土墙与木结构楼房相互脱开，夯土墙只作为围护结构，不作为房子的承重结构，正所谓‘墙倒屋不塌’。所以说‘夯土墙承重’这一点使福建土楼区别于福建土堡。”

七、福建土堡的特点

1．防御功能突出

土堡的主要功能是防御，因此有高大厚实的堡墙、宽敞的跑马道、突出的碉式角楼、斗式条窗和竹制枪孔、石砌堡门和双重门、防火攻设施（外门包铁皮，门上方设有储水槽及注水孔），有的还设有犬洞和鸽楼等报警求救的设施。在堡址选择上，注重选择有利于防御的地点。或耸立山顶，依山而建，据险御敌，凭借山体之势使匪寇攻击困难；或建于开阔的田园之中，方便村民在匪寇来犯时及时躲进土堡；或贴溪河岸边而建，以水作为天然壕堑；若无法利用地形，便在土堡周围设壕沟，利用深沟、吊桥使匪寇无法轻易靠近堡墙。

2．因地制宜，就地取材

闽中地区山峦叠嶂，森林茂盛，植被多样，为构筑土堡提供了丰富的资源。土堡的主要材料是生土、石头和木材，这对于山区、乡村来说取之不尽，用之不竭。工匠们根据自然环境和民众需求，充分发挥聪明才智，建造了适合当地当时生存和防守功能的土堡。建堡选址因地制宜，散建在崇山峻岭和山间盆地的不同位置上，建筑形式不拘一格，类型灵活多样。

3．结构奇特实用

福建土堡既保持中轴对称、院落组合、木构承重体系等中国传统建筑特征，又充分利用当地的自然资源和建筑条件，强调防御需求，其平面布局和建筑结构独具一格，实用性很强。不少土堡依山而建，呈现出多台基、高落差、层次分明的建筑风貌，极富韵律感；不少土堡注重细部装饰，堡内木雕、石雕、灰塑、彩绘等工艺精巧，形象生动，充分展示了当地能工巧匠驾驭环境的能力和高超的技艺。福建土堡形制的多样性、防御的实用性、风格的独特性是中国乃至世界独有的，弥足珍贵。

【贰】

TUBAO QUNFANGPU

土堡群芳谱

福建土堡

1 永安槐南安贞堡

安贞堡又名池贯城，位于永安市槐南乡洋头村，始建于清光绪十一年（1885年），光绪二十四年（1898年）竣工。占地面积8500平方米，堡内建筑面积6700平方米（图2-1-1）。

安贞堡是由当地富绅池占瑞、池连贯父子出资兴建的。据《池氏族谱》记载："占瑞字承祥，官名鲲，别号玉书。生道光二十二年（1842年），于光绪1875年捐纳贡生，又于光绪1885年请邑候甘祥宪给示架筑安贞堡，于光绪1887年荣膺诰命敕封微士郎，又于光绪1901年晋封中议大夫。""连贯，字效曾，又字舜臣，官名云龙，别号卧冈，生咸丰八年（1858年）"，"28岁三月晋京迁试栋授直隶州分州并请荣封二代。又于43岁遵帐捐例加补知府，随带加二级赏戴花翎，恭遇覃恩荣封三代。"建造该堡历时14年，耗金万两，真是工程浩大。

安贞堡选址讲究。该堡位于山谷之中，坐西朝东，背靠双重高矮相叠的龙舌山，左右有二山环卫，呈太师椅状。正面面对开阔的盆地和蜿蜒的溪流，越过溪流东面又有金山作屏。右边的山延伸至土堡的前方，如一条巨蟒守护其侧翼，这是往来土堡的唯一通道。

安贞堡由外围堡墙和以厅堂为中心的院落组成，平面前方后圆，呈中轴对称布局，面宽88米，进深90米。依次为堡门、碉式角楼、前院、前厅、书院、边厢、中院、大厅、后院、后厅、墙屋、跑马道、外挂式瞭望台。堡门之外有一个占地面积约3000平方米的长方形广场，广场南北两侧设护厝和入口，周边用1.5～1.6米高的矮墙环护。矮墙前边有半月池（图2-1-2～图2-1-4）。

堡的中心是一组二层三进的院落式建筑。庭院两侧设通廊相连，上方是一个三开间的中心厅堂。厅堂两侧各设3排厢房，当地俗称"正官房"、"二官房"、"三官房"，各厢房之间由纵向通廊联系。楼宅外围是一圈前方后圆的二层护楼。护楼为木构架，与外侧的土石夯筑墙体既联系又受力分开。护楼内侧有一圈层层抬高的通廊，面对侧天井与主楼宅对应。当中形成的侧天井又因左右3组连廊和后通廊自然分隔成尺寸不同、形状各异的7个庭院。护廊外侧是厚达4米的石砌夯土墙，上层一圈跑马廊联系着全宅的防卫系统。堡内共有木构房屋320余间，厨房12个，水井5口，楼梯5部，可供千人居住。

安贞堡背靠群山，特定的自然环境使建筑前低后高，纵向高差达4米。堡的中部及两侧有3条主通道，由一组石级层层向内引申。中心院落为单檐悬山顶。楼宅

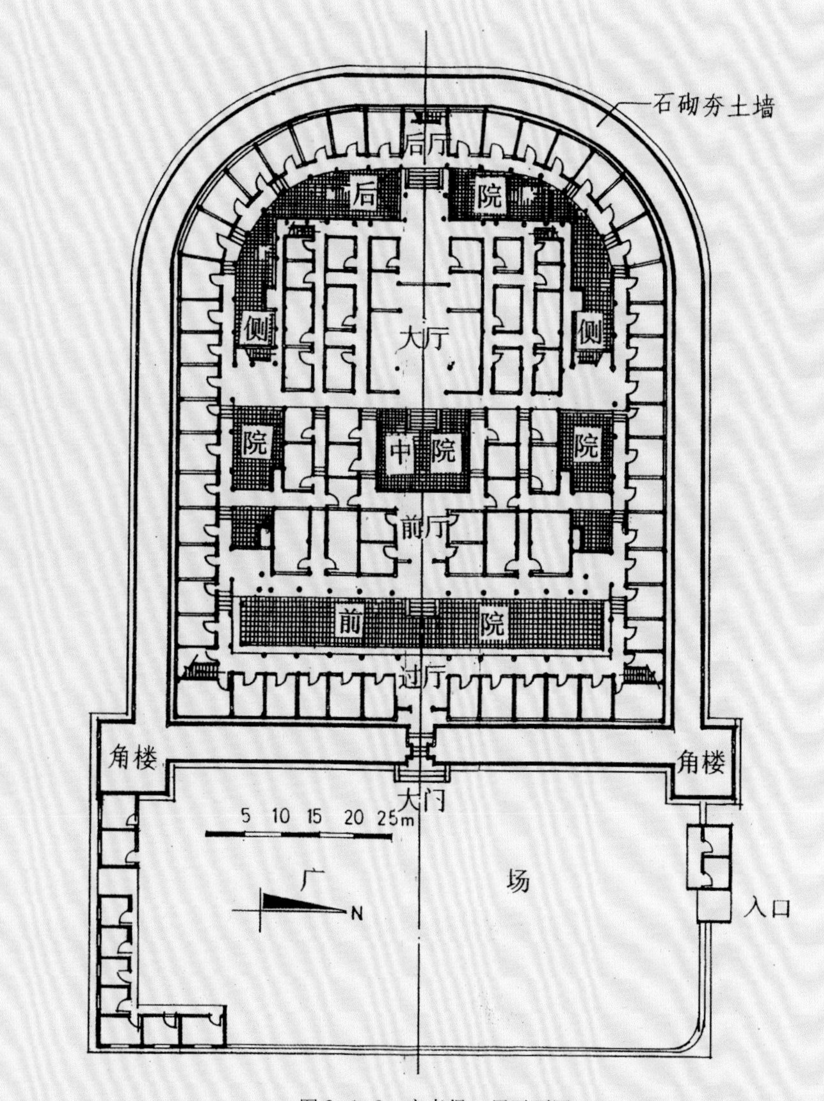

图 2-1-2　安贞堡一层平面图

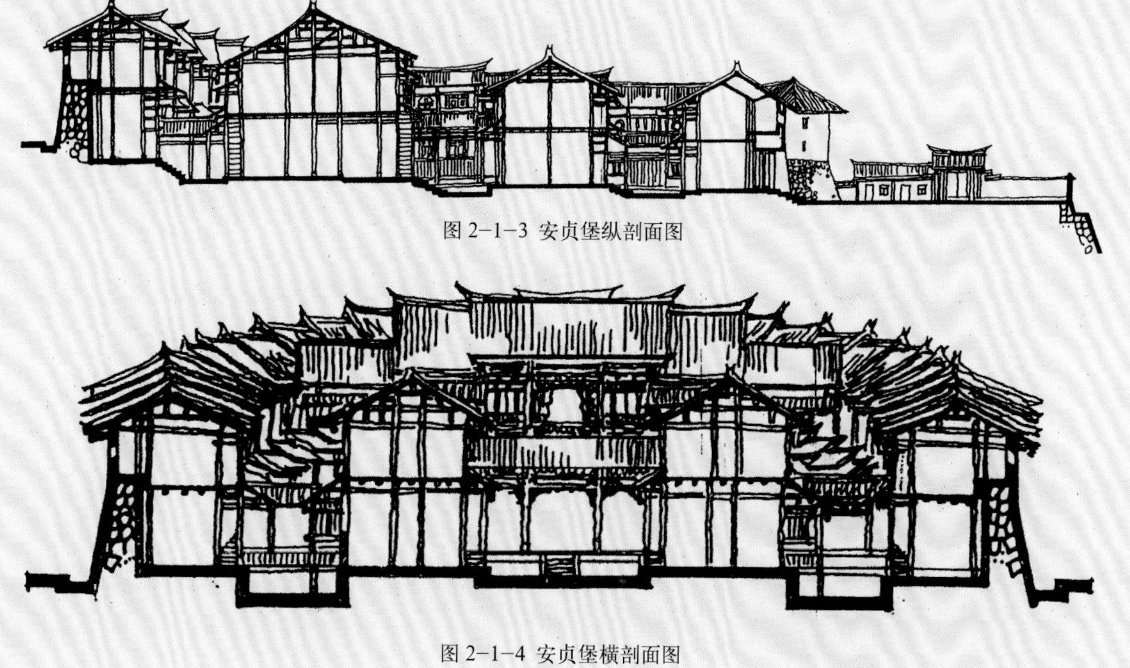

图 2-1-3 安贞堡纵剖面图

图 2-1-4 安贞堡横剖面图

图 2–1–1　安贞堡全景

的廊檐高低错落，组合巧妙，尤其是外圈跑马廊护檐，随地势的高低而富于变化（图 2-1-5）。由于宅院随地势前低后高，纵向布局的两侧护楼也依次抬高。回廊中层层石级，步步抬高，屋顶、廊檐也随之重重升起，构成精美的屋宇造型。在护楼的转角处回廊变换角度，屋顶、廊檐依然层层升高，更显得屋宇跌落有序，奇妙异常，给本来乏味、单调的侧庭空间注入勃勃生机（图 2-1-6 ~ 图 2-1-9）。这种空间艺术处理手法，虽然在客家土楼如“五凤楼”屋顶上也曾出现，却达不到如此令人叹为观止的效果。其原因就是安贞堡建筑规模宏大，护廊开间多，地面落差大，屋宇轮廓的变化就更具有韵律感。

安贞堡在防卫上很有特色。四周为厚实的石砌夯土墙，堡墙高 9 米，底部厚 4 米。墙的下半段用大块卵石垒砌，中间夯以胶土砂石，自下而上向内倾斜收分。上半段夯土墙厚 0.8 米，共设 96 个瞭望窗洞及 198 个射击孔。二层墙体内侧有一条 2 米余宽的跑马道贯穿全宅（图 2-1-10）。正面堡门两侧设突出墙外 3 米的碉式角楼，为悬山四面坡，设有瞭望孔 12 个，射击孔 24 个（图 2-1-11，图 2-1-12）。角楼下层暗藏无门小间，与上层只留一井洞相通，平时作储藏间，战时可关押战俘。在堡的背后屋檐下，突出悬挑建造一个瞭望台，四周和底部设瞭望孔 4 个、射击孔 8 个，用于观察、控制背后坡地。安贞堡的大门宽 1.8 米，高 2.7 米，采用花岗石起拱砌筑，安装两重厚达 0.2 米铆着铁皮的硬木门板。圆拱石门框腰部两侧各有一个门栓洞，内藏长木门杠。门框上部二层处设一暗室，装有“漏斗”装置，遇外敌火攻，可在铁包木门外两侧泄水漏砂，迅速将火扑灭。堡内还设有粮仓、水井、畜圈、咸菜缸多处，遇外敌进攻，可保障堡内人们生活无忧（图 2-1-13）。

安贞堡的建筑装饰繁简有度，重点突出。装饰主要集中在中轴线的大门、门堂、前天井的廊檐一带。大门在石砌门洞上方及两侧写出“安贞堡”三字及对联“安于未雨绸缪固，贞观休风静谧多”，旁边用如意图案装饰。二门上绘有手持金花雀斧、身着甲胄的门神二尊，形象生动。跨过二门进入横向前院，整齐的柱廊上配有精美的梁架、窗扇装饰，暗示马上进入装饰的重点（图 2-1-14）。三门上挂一匾额，大书“紫气东来”，指明了古堡的坐向。中心主厅堂主庭院是全宅装饰的重点。梁枋、斗栱、垂花、雀替、漏窗、檐下、窗棂、屏风、隔扇、柱础上布满了精致而色彩斑斓的花鸟虫鱼、人物、植物等图案（图 2-1-15 ~ 图 2-1-19）。装饰手法有木雕、砖雕、石雕、泥塑、彩绘、壁画等，工艺精细，形象生动。单是窗的造型，就有正方、长方、八角、圆、椭圆、半圆、几何形体及吉祥图案多种（图 2-1-20）。整个厅堂显得富丽堂皇、绚丽多彩。

安贞堡是闽中最大的土堡，也是福建省内保存最为完好的清代大型夯土建筑之一。1991 年福建省人民政府将其公布为第三批省级文物保护单位，2001 年国务院将其公布为第五批全国重点文物保护单位。

图 2-1-5　安贞堡一进门厅

图 2-1-6　安贞堡底层大厅

图 2-1-7　安贞堡二层大厅正面

图 2-1-9　安贞堡二层明间架梁

图 2-1-8　安贞堡二层大厅内景

图 2-1-10　安贞堡后部转角跑马道

图 2-1-11　安贞堡入口正面

图 2-1-12　安贞堡角楼碉堡

图 2-1-13　安贞堡后部转角跑马道梁架与粮仓结构

图 2-1-14　安贞堡进门横向庭院

图 2-1-15　安贞堡后部庭院

图 2-1-16　安贞堡后部庭院上部

图 2–1–17　安贞堡厅内神龛

图 2–1–18　安贞堡内雕饰

图 2–1–19　安贞堡侧庭院的过街廊

图 2–1–20　安贞堡内窗装饰

2 永安青水福临堡

福临堡位于永安市青水畲族乡过坑村，建于清乾隆年间（1736 ~ 1795 年），迄今已 260 余年。占地面积 2500 平方米，建筑面积 1500 平方米（图 2-2-1）。

过坑村是永安与大田交界的大山深处的一个村落，居民以林姓为主。《林氏族谱》对福临堡的建造时间有明确的记载：卜乾隆庚申岁 7 月 8 日辰时监造，课庚申甲申丙子壬辰。福临堡的建造人为林仲易。林仲易的长孙林朝兴为其父所写的墓志铭中记载了一段有关福临堡修造过程："时营造土堡，日工数百，父则亲为庀材办料督理筹划，吾大父意在速成，至于精粗弗较也。父默授工师曰：其栋梁必如此，其高堂奥必如此，其邃墙垣必如此，其厚如此，则堡之规模壮丽，悉由吾父裁。"

福临堡坐落在村东北角的坡地上，坐西北向东南。该堡背靠大山，左边山峰耸立，右边不远处散建数家农舍，四周是层层梯田，正前方的梯田直铺至前山脚下。前山山形平缓，正中一峰兀立。堡前 150 米阶地低处，过坑溪由南向北流过，成为护卫该堡的天然沟堑。

该堡平面为方形，由外圈防御性围墙、中层生活性围屋和核心祭祀性主房三部分以及堡前长方形空坪组成（图 2-2-2）。堡墙基高 1 米，厚约 3.6 米，其上生土夯筑。沿堡墙周边建有房屋（图 2-2-3、图 2-2-4），左右的房屋为一层，前后为二层，第三层依堡墙一圈为跑马道。第一层面阔九间，进深五柱，进深比二、三层多 3 米。二层面阔十一间，设中厅。第三层跑马道正中设房间，明间为厅，次、梢间为仓库，与堡墙之间仅留不足 1 米宽的过道。墙屋前的天井为通廊式，在堡墙的西南面开小拱门。后楼屋面阔十六间，进深五柱，明间作厅，次间、尽间作房和储存室，转角处为马房或厕所（图 2-2-5）。二层设廊道和凭栏鹅颈椅，次间处凭栏上出屋檐 1.2 米，起到遮挡楼梯的效果。堡的两侧为单层的依墙而建的房间，大多为厨房与储藏间（图 2-2-6 ~ 图 2-2-8）。为了防火，房与房之间用厚 0.4 米的土墙相隔。堡内天井正中建有"六扇五植"祠堂，明间宽大，次间还设有二层，集议事、祭祀和活动大厅等多种功能。正堂为抬梁、穿斗混合式，面阔三间，进深八柱(图 2-2-9 ~ 图 2-2-11)。梢间两侧带檐廊通道，从檐廊经过水亭可通往厨房。前堡楼两边设有三合土打制的楼梯上跑马道（图 2-2-12、图 2-2-13），堡后楼的厅两侧设有上二层的木楼梯（图 2-2-14）。

该堡注重防御。堡门洞用花岗石砌筑成拱形，门道 3 米多。双扇木门厚 0.12 米，包着铁皮，打上铆钉，门上还镂直径 0.05 米的观测孔，并用铁管塞入孔中（图 2-2-15）。堡墙一层高 7 米，二层墙高 2.5 米，墙厚约 0.45 米。一层几乎没有窗、孔，二层仅 10 余个孔，防御装置主要集中在三层堡墙上。三层跑马道宽约 2 米，内侧用木条做凭栏，地面用石块铺砌。墙上开有 35 个竹制枪孔、26 个斗型条窗、7 个小方窗。后墙上开 2 个天窗，以弥补后墙屋的光线不足（图 2-2-16）。

该堡装饰讲究。堡门的门额上楷书“福临门”，两边灰塑莲花加彩条形框，框内楷书藏头联一副，上联“福善后知天泽渥”，下联“临门还见日精华”。内门拱上用灰塑扇形成额，门轴上灰塑荷叶上立猛狮的图案。天井、厅堂的地面用三合土打制，门厅和正堂的地面还刻画斜角方格纹、对角方格纹作为装饰。堡内中心位置为装饰精美的祖堂，大厅设神龛，用红、黑、镏金装饰；厅上梁架用圆雕仙鹤、佛手、卧鹿、葫芦作驼峰，轩顶上用牡丹、莲花作驼峰，用香草龙作挂落，木雕精美绝伦（图 2-2-17 ~图 2-2-19）。

福临堡建筑雄伟，装饰精美，2013 年福建省人民政府公布为第八批省级文物保护单位。

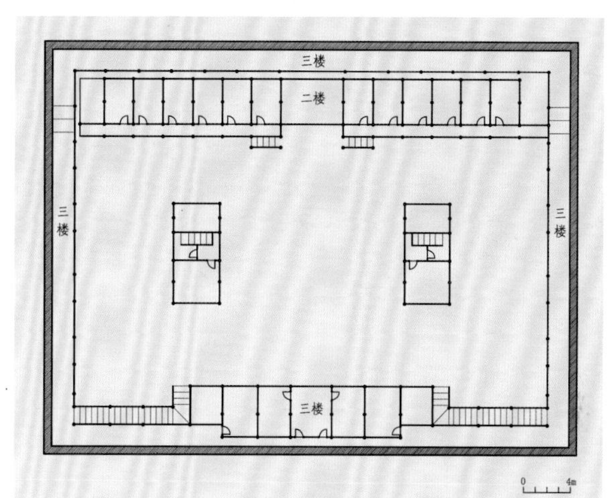

图 2-2-2　福临堡平面图（录自《福建三明土堡群》）

图 2-2-1　永安青水畲族乡福临堡

图 2–2–3　福临堡内景 1

图 2–2–4　福临堡内景 2

图 2-2-5　福临堡后楼

图 2-2-6　福临堡侧庭院 1

图 2-2-7　福临堡侧庭院 2

图 2-2-8　福临堡侧面连廊

图 2-2-9　福临堡主厅堂 1

图 2-2-10　福临堡主厅堂 2

图 2-2-11　福临堡厅堂内景

图 2-2-12　福临堡后面走马廊

图 2-2-13　福临堡侧面走马楼

图 2-2-14　福临堡楼梯

图 2-2-15　福临堡入口

图 2-2-16　福临堡入口背面

图 2-2-17　福临堡厅堂中脊

图 2-2-18　福临堡梁架 1

图 2-2-19　福临堡梁架 2

3 永安西洋会清堡

会清堡位于永安市西洋镇福庄村，建于清乾隆年间（1736 ~ 1795 年）。占地面积 2300 平方米，建筑面积 2356 平方米（含堡外问渠书院面积）（图 2-3-1）。

会清堡是邢作屏为避“红巾”之乱而建造的。邢作屏名姻太，字东垣，号作屏。据《邢氏族谱》记载，先生“身列胶庠，气高河汉，见义必为，去恶务尽，治家严乎……时当红巾肆虐，发逆逞凶，建土堡以卫族亲，联保甲以弭国乱。”所建堡名为“会清”，意为“际会大清”和“会入清流”。

会清堡坐落在福庄中南部、福庄溪北岸。福庄盆地四周群山簇拥，鹰厦铁路在盆地西南侧穿过。会清堡坐西向东，远处几重大山犹如元宝堆积和文人的笔架，西面是水田和农舍，北面为大片的水田，东、南两面一道山溪与福庄溪汇流，犹如双龙戏水。福庄溪由北向南流过，成为天然的护堡河。

会清堡平面呈“凸”字形，左右对称布局。大门设在南面，小门设在北面（图 2-3-2）。堡墙高 9 米，底层厚 3 米，用块石垒砌、三合土勾缝。墙体用黄黏土夯筑，外层用白灰盖面。二层有跑马道贯通全堡。外墙一层不开窗，二层开窗并设射击孔。堡内共三进建筑，包括前堡屋、院落、后堡楼，东低西高逐级而建，总落差 2 米（图 2-3-3）。墙上屋面、屋脊层次感强，犹如大雁展翅，很有动感。前堡屋紧靠前堡墙，但不以堡墙为承重，为一层木构建筑，面阔五间，进深三柱，当心间设厅，厅上设带门柱的照壁。内部院落由燕饴堂、天井、后院组成，天井两侧为厢房和书斋。燕饴堂是堡内族人祭祖、议事和活动的重要场所，面阔七间，进深七柱，为抬梁穿斗混合式结构。次间内用板墙形成前、后两间。梢间设厅，东侧靠露天小院处用漏窗形成檐廊隔断，北侧太师壁处开一小门，可进入后轩。后轩上设小神龛，旁边用厚板隔出小阁楼。后堡楼为三层木构建筑，也不以堡墙为承重。后楼面阔九间，进深六柱，一层当心间设堂，次间、梢间均为前后间的房屋。三层面阔九间，进深七柱，明间作厅，次间设前后间，梢间为单间，但在房前腾出一些空间作活动场所。北门紧挨东侧的墙边设木梯，可上至二、三层。二层有前后檐廊，前廊宽 1 米，后廊即依墙而建的跑马道，宽 1.5 米，地面用三合土打制（图 2-3-4 ~ 图 2-3-6）。两廊间夹建了单间廊屋。此层的转角处，建有玲珑别致的卷棚顶小厅。全堡有 10 个天井、2 口水井、7 座楼梯和大小 87 个房间。

会清堡的后门与问渠书院相通。问渠书院坐北朝南，南院墙与堡的北墙仅隔一天井似的过道。书院小巧玲珑，书间、房舍、曲廊、泮池、花园、泮桥一应俱全。

该堡的防御功能有特色。石拱门洞用细花岗石砌筑，为双重，外门洞比内门洞低 0.8 米（图 2-3-7）。门与门之间留出长 1.8 米、宽 0.18 米的条形注水槽，是为对付匪寇火攻土堡而设的。北门洞做法与南门基本一致。门之上用花岗石砌成水槽，一直通向二层屋架和跑马道。这种可浇注大量水或热油的装置较为少见，也是为了防止敌人的火攻。双开木门厚 0.13 米，外用铁皮和铁铆钉包裹（图 2-3-8）。在大门后下方 1.2 米的石墙角处，各凿一深一浅的方孔，碗口大的粗木杠可伸缩自如地把牢堡门。堡墙的西北转角及后背墙体做成长弧状，形成一定的视觉差，高波突出部位可见墙角及拐弯处情况，并在弧墙中部开方窗，两窗之间的凹处安向下 55° ~ 60° 的竹制射击孔 1 个，使来敌无藏身之处。靠溪边的堡墙上开 11 个大窗，内层是对拉的木板窗。针对堡外特别的地势，北墙开长方窗 6 个，窗两侧又开 2 个竖条形射击孔和 1 个圆形枪孔，墙角与其他窗下安向下 65° ~ 70° 的竹制射击孔。从后堂三楼太师壁边的小门可进入三层跑马道，道墙上距地约 1 米之处开竖条型窗棂，安竹制射击孔 4 个，形成窗、孔结合的立体防御功能。

该堡的装修很考究。石拱门洞的青石门额上阴刻“会清”两字，旁边石雕的财神、天神和马到成功、麒麟送瑞、凤穿牡丹等图案惟妙惟肖。前堡屋屋顶上部与二层跑马道的檐部设矮墙，墙上灰塑彩绘花卉等图案。矮墙两头设防水墙，墙面上彩绘山水、树木等原野景色。正堂和后楼的当心间和次间梁柱上用木雕花枝、蝙蝠等作挂落，梁、栱、雀替、脊檩、门窗等处雕刻牡丹、荷花、菊花、梅花、玉兰、佛手花、灵芝花、象鼻、夔龙等图案，精美异常。堡内转角处二层据说是闺房兼书房，安建卷棚顶、四扇花芯屏构成的窗门，秀美别致（图 2-3-9 ~ 图 2-3-11）。

图 2-3-1　永安市西洋镇福庄村凸字形土堡——会清堡

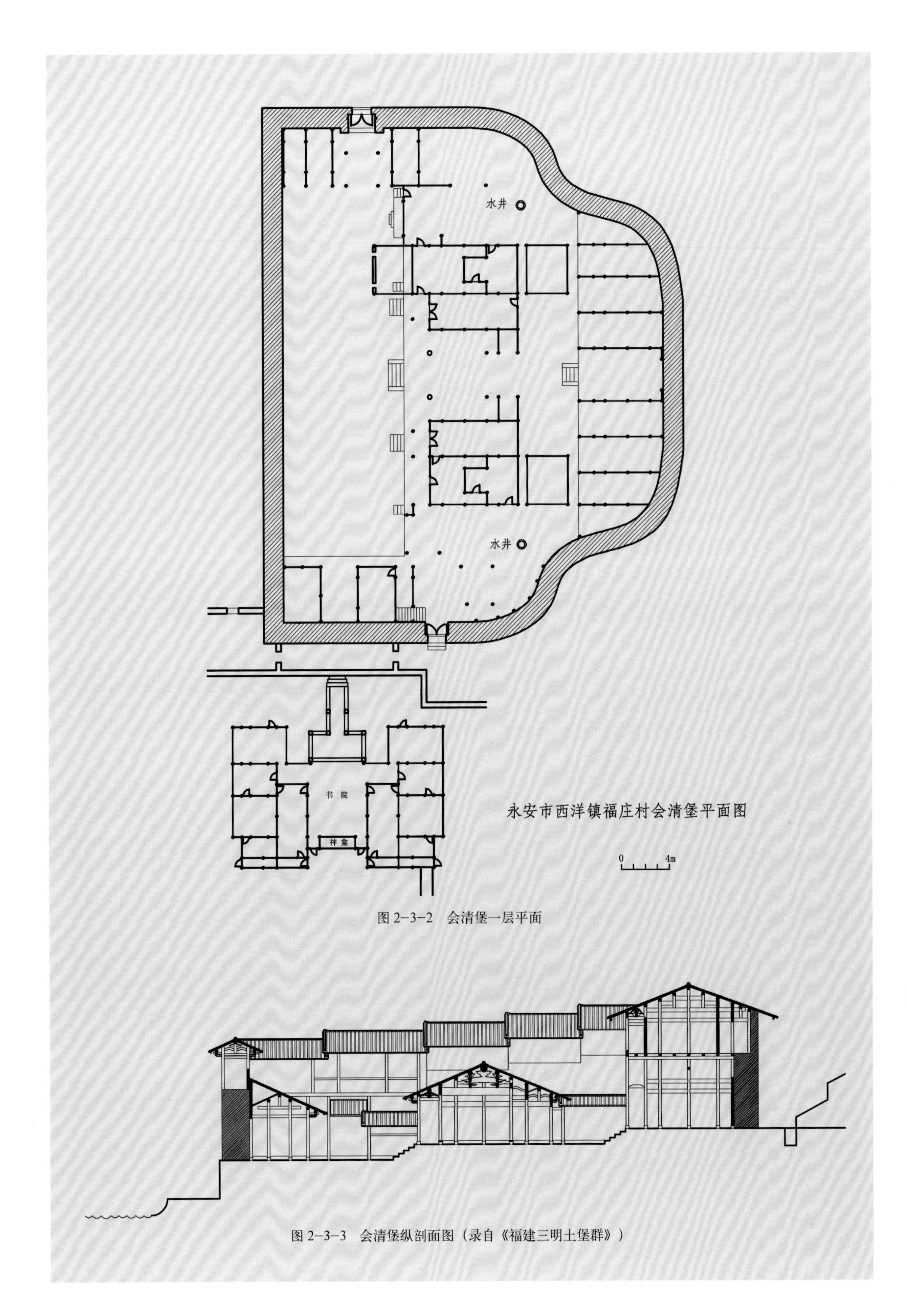

图 2-3-2　会清堡一层平面

图 2-3-3　会清堡纵剖面图（录自《福建三明土堡群》）

图 2-3-4　会清堡后楼及回廊

图 2-3-5　会清堡后楼二层回廊

图 2-3-6　会清堡后楼二层屋架

图 2-3-7　会清堡正门

图 2-3-8　会清堡铁皮包裹的门扇

图 2-3-9　会清堡内书斋

图 2-3-10　会清堡书斋内漏窗

图 2-3-11　会清堡书斋花窗

4 大田均溪芳联堡

芳联堡位于大田县均溪镇许思坑村，始建于清嘉庆十一年（1806 年），道光二十六年（1846 年）续建。占地面积约 3350 平方米，建筑面积 2147 平方米（图 2-4-1）。

芳联堡由许思坑村张氏第十五世祖张应滥和张元梅父子所建。张应滥的先祖耕读有方，到了应滥这一代时，家中已拥有大片田地出租，应滥本人兼有行医本领，一时张氏族人家财雄厚，应滥便建起了二进殿堂式大厝，计 76 间房。其子张元梅到省城念书后眼界开阔，再耗巨资，续建外围堡墙，5 年后建成这座全县间数最多的大土堡。

芳联堡坐北向南，坐落在山谷低洼坡地庄稼地里，三面环山，一边临野，一条山溪对着堡前方，由南向北而去。平面前方后圆，呈中轴对称布局，东西宽 67 米，南北长 50 米。有堡楼和内屋，共 160 间房。前堡墙不设大门，而是开挖半月形的水池。其布局含有深刻的建筑理念和复杂的风水思想。整座土堡的建筑高度随地势前低后高逐级而上，犹如飞凤张翼（图 2-4-2 ~图 2-4-5）。

该堡防御能力强。堡墙高 6.9 米，墙基厚 2.3 米，用大块花岗石砌就，三合土勾缝。基础之上的墙体用三合土（细沙质黏土掺少量石英砂）版筑而成，这是三明土堡中唯一的一例。外墙面上敷有一层碎稻草拌泥，再用细三合土抹面。堡东南与西南角各有三层碉式角楼 1 个，体量硕大（图 2-4-6）。正门位于堡的东南角楼下，为花岗石砌筑的拱门，高 2.4 米，宽 1.75 米，门上方设有注水孔（图 2-4-7）。大门木板厚 0.1 米，外包铁皮，并设 3 个竖向门闩。堡的东西两侧各开边门通行，为条石方门，均高 2.1 米，宽 1.1 米（图 2-4-8）。堡墙及角楼上，共有斗式条窗 60 个，竹制枪孔内外封口均用三合土箍牢，斜向射击孔和平射孔密布在堡墙的各个部位，形成立体交叉防御网（图 2-4-9、图 2-4-10）。堡内一、二层的廊道贯通各防御点和活动空间，二层廊道长达 230 米。后楼二层阁楼、护厝天井处阁楼设有 3 个大型的鸽鸟笼舍，一旦被围可放出信鸽，及时与外界取得联系。

该堡平面布局合理。堡墙廊屋共有二层，下为仓储室和杂物间，间与间之间的转角处还设暗室，专门用于储存火药等攻击武器。上层为居室，数间居室中设一厅，厅与廊道相连，可看见堡外情况。前堡墙上设一排石制漏窗，用于透风、采光以及装饰。漏窗内侧用上下关合的厚木板作窗门，平时下面的窗板可以作长条板凳使用。内屋有上、下两厅堂，左、右设厢房和护厝等。在中轴线的正厅面阔五间，进深七柱，穿斗式结构。当心间内设太师壁及神龛，供奉张氏昭穆宗亲牌位。厢房及两侧护厝为居舍，天井两

图 2-4-1　带碉式角楼的芳联堡

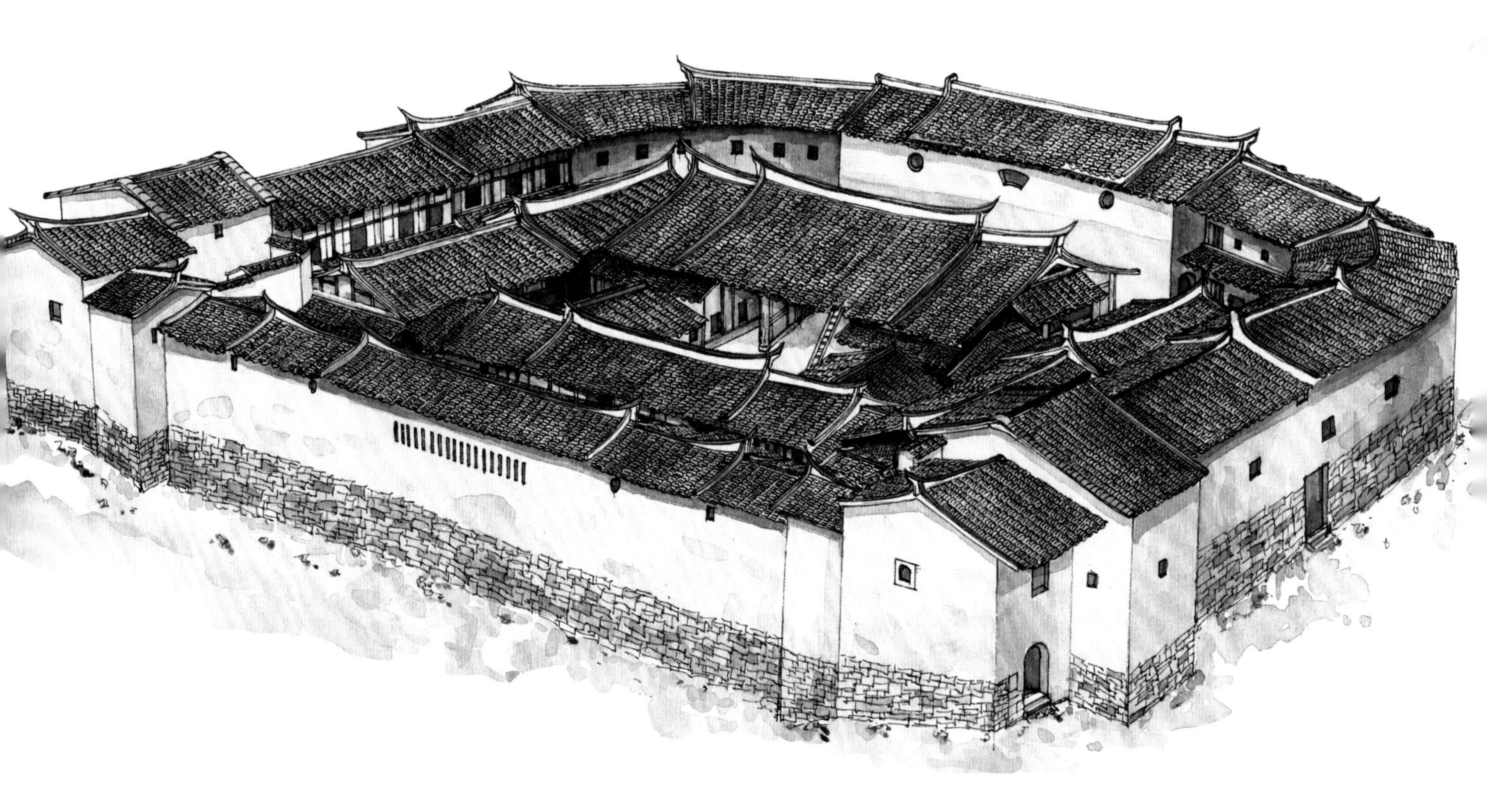

图 2-4-2　芳联堡鸟瞰图（王其钧绘）

边和护厝的厅与阁楼等处设书院和书轩。二进中堂两侧为明间，有回廊通往护厝（图 2-4-11）。二进后面东、西两端各有一水井，称为日月井，日井为圆井，月井为八角井。堡内还有粮仓、碾房、石碓和其他生活设施，以防被匪寇围困（图 2-4-12 ~图 2-4-17）。

该堡的装饰精美。装饰艺术主要有木雕、彩绘和灰塑等，施于雀替、垂柱、驼峰、花梁、枋额、窗户格扇、屋脊、山墙、柱础等处，主要图案有文房四宝、戏曲故事、神话传说、四时花卉、仙雀灵兽等。前廊二层凉台两侧灰壁上墨书藏头嵌字联一对；"芳事庭垂花萼近，联辉阶接锦香余"。该堡的装饰注重风水，如前堡墙上的八卦太极窗、后堡墙窗外用拱式窗罩装饰，含有宗教色彩（图 2-4-18 ~图 2-4-26）。

芳联堡是一座府第式堡垒建筑，2009 年福建省人民政府将其公布为第七批省级文物保护单位，2013 年国务院将其公布为第七批全国重点文物保护单位。

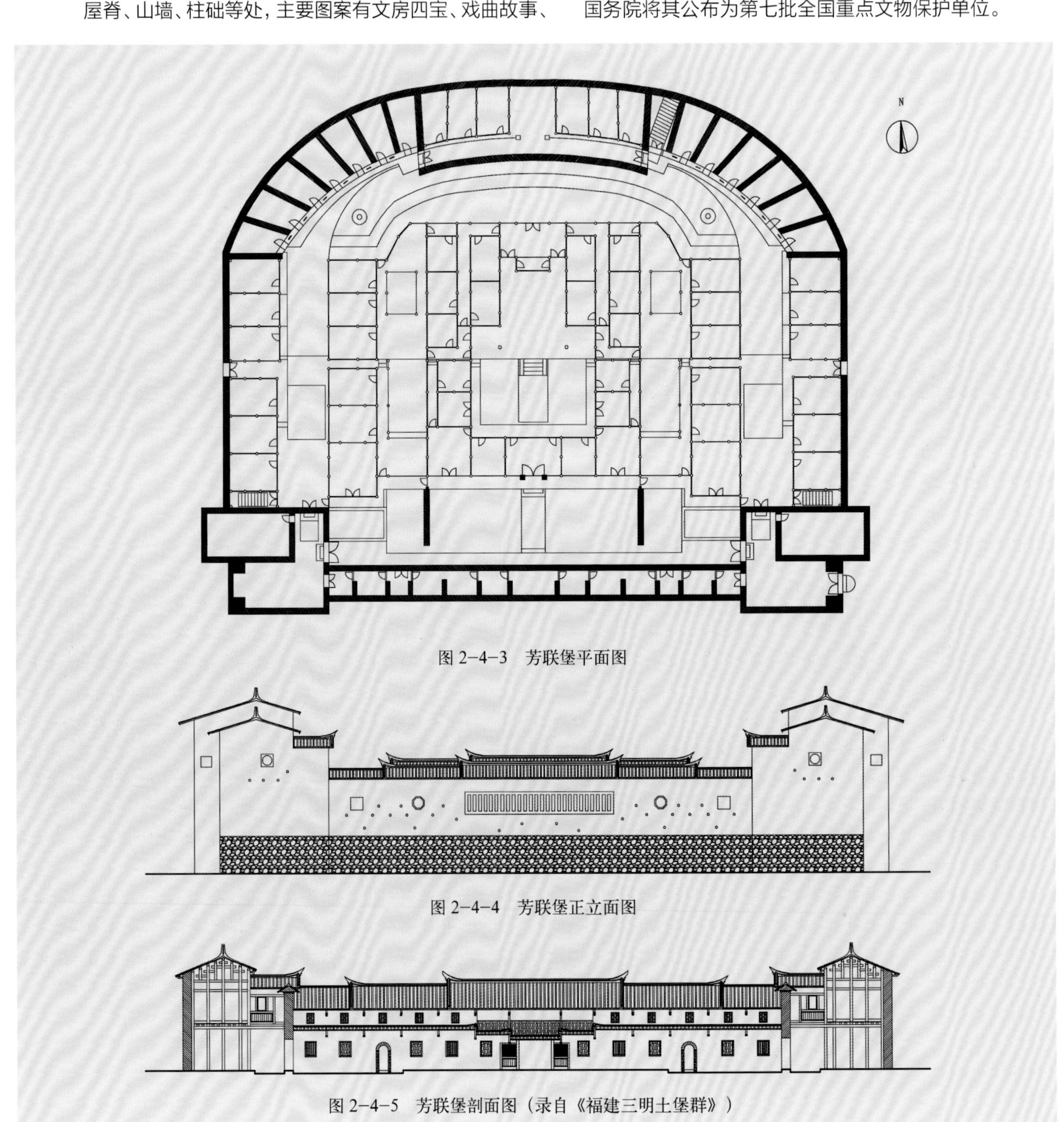

图 2-4-3　芳联堡平面图

图 2-4-4　芳联堡正立面图

图 2-4-5　芳联堡剖面图（录自《福建三明土堡群》）

图 2-4-6 从另一侧看芳联堡

图 2-4-7 芳联堡大门

图 2-4-8 芳联堡侧门

图 2-4-9　芳联堡角楼

图 2-4-10　芳联堡一进天井与碉式角楼

图 2-4-11　芳联堡二进入口

图 2–4–12　芳联堡侧庭院

图 2–4–13　芳联堡侧庭一角

图 2–4–14　芳联堡后院 1

图 2–4–15　芳联堡后院 2

图 2-4-16　芳联堡后院书房

图 2-4-17　芳联堡后院书房上部

图 2-4-18　芳联堡大门入口小庭院

图 2-4-19　芳联堡主厅防溅墙

图 2-4-20 芳联堡主厅堂梁架

图 2-4-21 芳联堡梁架 1

图 2-4-22　芳联堡梁架 2

图 2-4-23　芳联堡梁架斗栱

图 2-4-24　芳联堡屋顶脊饰

图 2-4-25　芳联堡后院鸽子笼

图 2-4-26　芳联堡

5 大田桃源安良堡

安良堡位于大田县桃源镇东阪村湖丘头自然村，占地面积近 1500 平方米，建筑面积 1250 平方米。该堡始建于明万历四十七年(1619 年),历代有重修过。据《熊氏家谱》记载，清嘉庆十一年(1806 年)由熊坤生倡建，并逐级上报至福建巡抚衙门，批准备案后鸠工兴土起建，历时 5 年建成（图 2-5-1）。

安良堡坐北向南，依山而建。其北部山势高缓，东、西两面为低山丘陵，南面是低矮的水田。一条山溪自北向南复折向西从土堡脚下流过，溪上设仅容一人通过的独木桥，加上堡前高高的石阶，构成了护卫土堡的屏障。堡的平面前方后圆，东西宽 35 米，南北长 40 米（图 2-5-2、图 2-5-3）。堡楼回廊形，共二层。跑马道做成大阶梯状，道上内沿建墙上廊屋（当地称包楼或包房），绕堡一周，共 48 间，每间 5 平方米左右。廊屋一侧承重依赖堡墙，另一侧是夯土墙里向外挑出一个吊柱来承重。这种设计未在其他土堡中见到。大门右边用毛石垒砌 16 级台阶，可上至堡墙顶部的包房和跑马道。堡内木构建筑物由前后两座房屋组成，均为悬山式屋顶，建筑台基前后水平落差达 14 米。正堂面阔三开间，进深六柱，穿斗式结构，当心间中部设太师壁及神龛，由此后门间经台阶通后堂。围绕一、二进左右各有一排护厝，正堂与后堂各有通道连通护厝。

安良堡最独特之处是高台地、高落差的建筑布局(图 2-5-4）。该堡坐落在村东部的山前高坡上，四周堡墙厚实而高大。前堡墙最高约 9 米，后堡墙高 7 米。墙体随着地势逐级升高，分 16 级延至后堡墙合拢，前后高差达 12 米。墙顶屋面脊翘层层叠叠、错落有致，如同排队的大雁，飞翔于翠绿的山间。堡内建筑也依山势分高台阶而建。从前院上 3 级台阶，再上 4 级，便是正厅。后厅突然抬高 12 阶，但还是不及后堡墙的石基高，更衬托出土堡的高大（图 2-5-5）。该堡整体的建筑风格庄重朴素，除正堂花梁、雀替、驼峰等处有一些浮雕外，其余部分没有作太多的装饰。然而它高落差的恢宏气势令人震撼，让人过目不忘。

安良堡是典型的防御性土堡。该堡的堡墙基础宽达 5 米，用大块毛石垒砌，其上的墙体用生土纵横向版筑而成，外墙敷一层厚约 0.03 米的草拌泥，以防止雨水对墙体的冲刷。一层堡墙高 6 米，厚 4 米；二层堡墙高约 3 米，厚 0.8 米。跑马道宽 1 米，贯通全堡（图 2-5-6）。墙上设方向不一的竹制射击孔 60 余个，斗式条窗 17 个，方窗 6 个，做到了四面御敌、不留死角。堡门设在前堡墙正中，进入堡门必先经过独木桥，再从台阶拾级而上（图 2-5-7）。大门为石质拱门，安装双重门板，木质门板外包铁皮，门后有闩。门洞顶部的廊道地面处有三合土打制的长方形盆，盆内两侧镂注水孔，与大门洞上端两个螺旋形的注水孔相连，可在极短的时间内浇灭匪寇所纵之火。大门门扇两边各有一射击兼观察孔，内以铁管贯通，并有铁片旋动遮盖（图 2-5-8）。堡东侧另开一小门，用于应急。堡内水井、粮仓、石臼、风车等生活设施一应俱全（图 2-5-9 ~ 图 2-5-12）。

安良堡是一座以防御为主、居住为辅的堡垒性建筑，2009 年福建省人民政府将其公布为第七批省级文物保护单位，2013 年国务院将其公布为第七批全国重点文物保护单位。

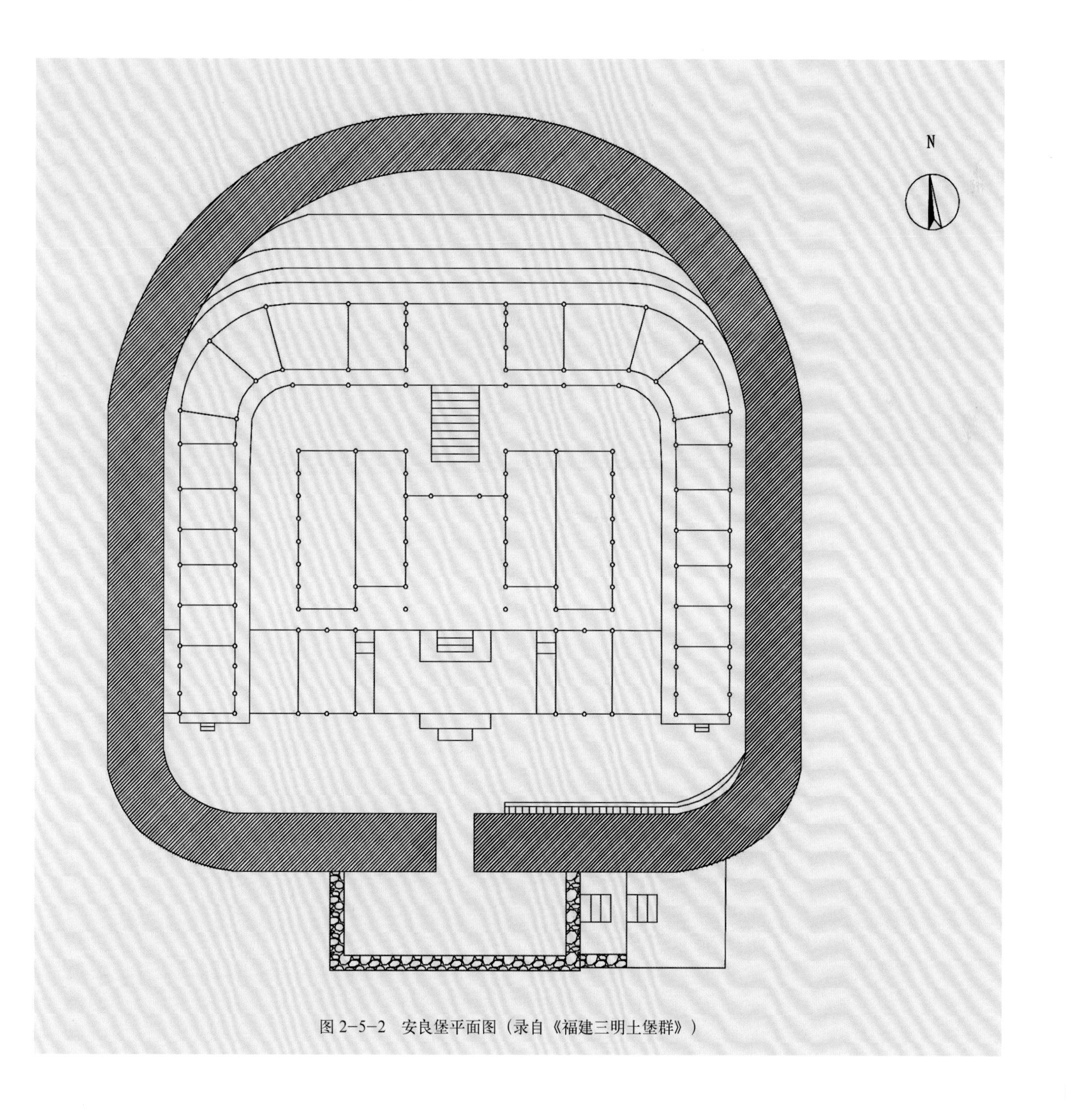

图 2-5-2　安良堡平面图（录自《福建三明土堡群》）

图 2-5-1　大田县安良堡

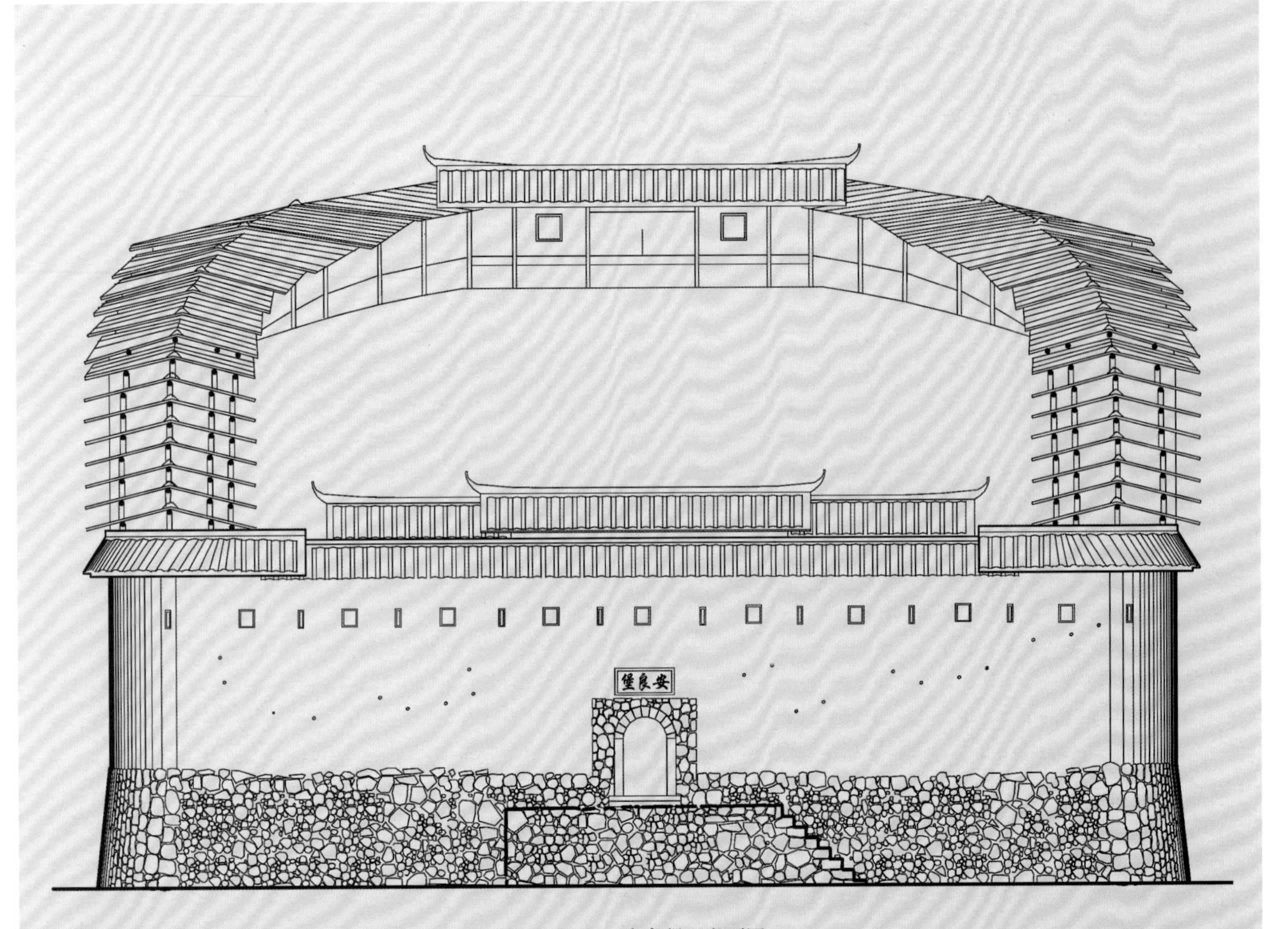

图 2–5–3　安良堡正立面图

图 2–5–4　安良堡剖面图（录自《福建三明土堡群》）

图 2-5-5　落差巨大的安良堡

图 2-5-6　安良堡侧面走马廊

图 2-5-7　安良堡入口

图 2-5-8　安良堡入口往外看

图 2-5-9　安良堡主厅堂

图 2-5-10　安良堡内景

图 2-5-11　安良堡内景俯看

图 2-5-12　安良堡侧庭院

6 大田建设琵琶堡

琵琶堡位于大田县建设镇建国村澄江自然村，始建于明洪武年间（1368 ~ 1398 年），历代均有修葺。占地面积 850 平方米，建筑面积 540 平方米，因土堡平面类似琵琶而得名（图 2-6-1）。因土堡基址形如山龟，周边众多的小山包如“金蛇戏龟”，故当时的风水先生和堡主又为其取名“龟头堡”。

琵琶堡为澄江村游姓始祖所建，明洪武初年在始建于元中期祖祠的基础上，改扩建土堡。据《游氏家谱》（民国版本）记载，明成化左右游氏又进行过修葺。明嘉靖十三世珠拾公，字三岛，名仙养公，在本乡架造龟头祠土堡乙所，坐亥向巳。清乾隆五年（1740 年）曾按旧制大修一次。该堡建成后，便成为当地游氏家族及他姓躲避祸乱的堡垒，并且是族人聚居的屋舍。

琵琶堡最显著的特点是巧用地形，形状奇特（图 2-6-2 ~ 图 2-6-4）。该堡耸立在澄江村后大山中一座孤凸的山冈上，东、南、北三面山势陡峭，只有一条小道可通向西面堡门，地势险要，易守难攻。澄江村游姓先祖在建堡选址时，根据地势与地形，刻意营造出琵琶的形状（图 2-6-5 ~ 图 2-6-7）。前堡墙向南，宽 26 米，东西堡墙长 40 米，北堡墙仅 18 米。堡门口的水池为琴胡，小路为琴弦，小路分叉处两边各摆长方形石块两块，寓意琴把，取“琴瑟和谐”和“剑胆琴心”之意，此外，还含有天王持琵琶、奏天乐、驱邪恶之意。堡西侧有一条山溪，在半山腰处跌宕而下，形成宽 10 余米、高 20 余米的瀑布，水声激越喧哗，犹如“大珠小珠落玉盘”的琵琶急奏曲。凡是见过琵琶堡的人，无不被它的奇筑巧构所折服。

该堡坐西北向东南，由堡前小道、水渠、方池、排水沟、堡墙、堡门、三圣祠、主楼（祖堂）、观音楼、三圣庙、跑马道等组成。堡墙高 7 米，墙基 2.1 米，墙厚 2.5 米，用大块毛石砌筑。墙基之上的墙体用生土夯筑，设宽 1.7 米的跑马道，环绕全堡。墙上设斗型条窗 12 个，竹制射击孔 40 余个，琵琶把端头安 3 个砖砌的大枪孔，以打击从小道来犯之敌。堡门设在西面，为花岗石条石砌筑的拱形门，高 1.9 米，宽仅 0.9 米，显得窄小，却易于防守（图 2-6-8）。木质大门上包铁片，门上设孔，门拱顶处有两个注水孔（图 2-6-9）。堡内为二进二层木结构建筑。一进又称龟头祠，系游姓宗祠，面阔五间，进深七柱，穿斗式减柱造木构架，悬山顶。二层内有檐廊一周，当心间设太师壁与神龛，供奉游姓列祖神位。两侧有寝室和储藏室 8 间（图 2-6-10、图 2-6-11）。一进与二进之间仅一条 1 米宽的过道。

三圣祠内供“三圣尊王”，面阔五间，进深五柱，穿斗式结构，悬山顶。在后堡墙处设有佛厅，与回廊合为一体，是游氏族人诵佛念经之处（图 2-6-12、图 2-6-13）。

琵琶堡在闽中现存土堡中年代最早、形制最奇特、宗教色彩最浓，2009 年福建省人民政府将其公布为第七批省级文物保护单位，2013 年国务院将其公布为第七批全国重点文物保护单位。

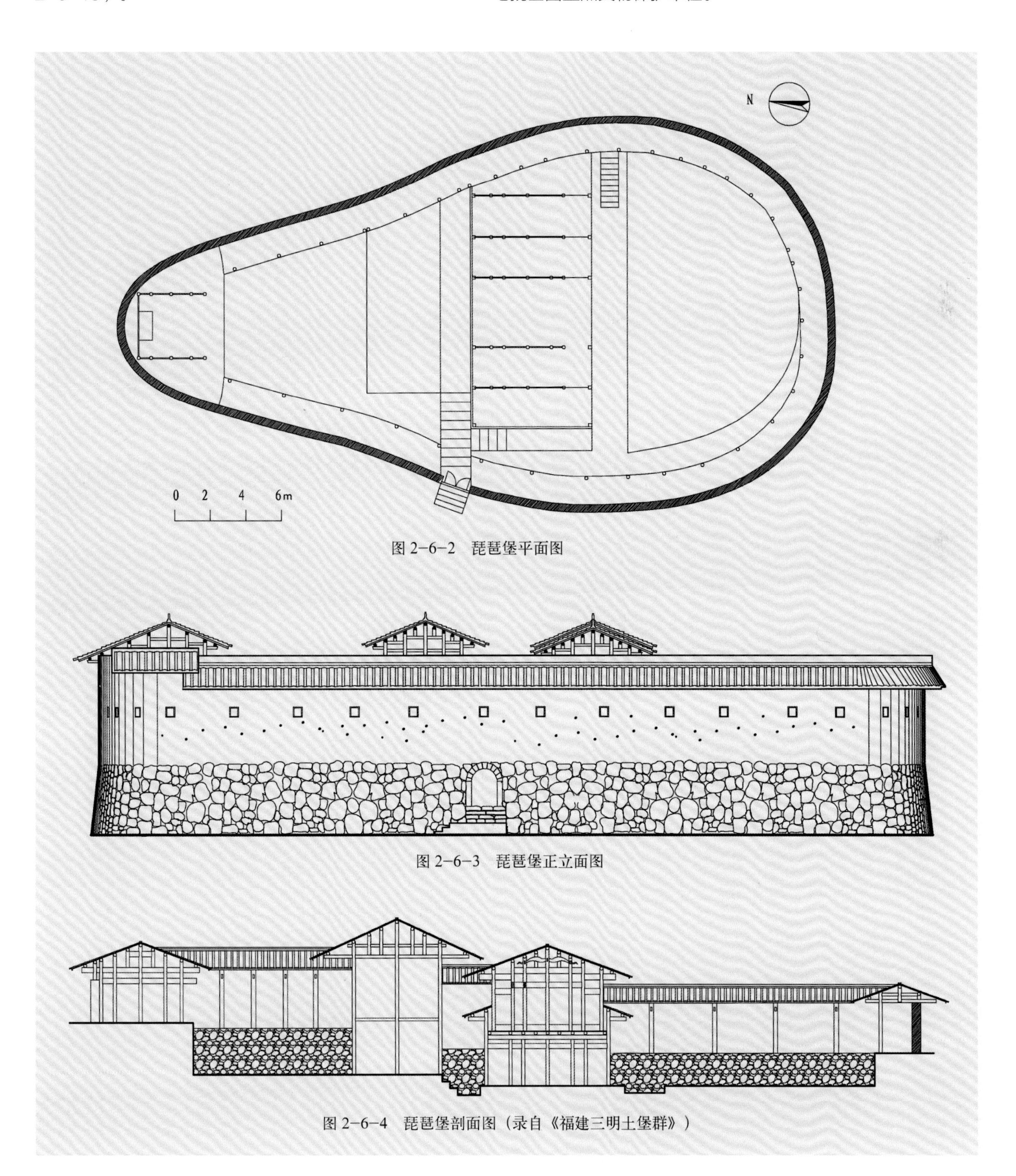

图 2-6-2 琵琶堡平面图

图 2-6-3 琵琶堡正立面图

图 2-6-4 琵琶堡剖面图（录自《福建三明土堡群》）

图 2–6–1　大田县琵琶堡

图 2-6-5　高岗上的琵琶堡

图 2-6-6　俯瞰琵琶堡

图 2-6-7　从端头看琵琶堡

图 2-6-8　琵琶堡入口

图 2-6-9　琵琶堡入口背面

图 2-6-10　琵琶堡中间二层民居

图 2-6-11　琵琶堡二层楼房

图 2-6-12　琵琶堡内庭院一角

图 2-6-13　琵琶堡民居梁架

7 大田济阳凤阳堡

凤阳堡位于大田县济阳乡济中村，建于清乾隆七年（1742 年）。占地面积 2500 平方米，建筑面积（含二层后楼面积）2600 平方米（图 2-7-1）。

关于凤阳堡的建造情况《济阳涂氏族谱》有所记载："时因居之僻壤，鼠窃难防，经报德化正堂加一级景恳恩给照，由涂承康、超文为主召集永春涂山、济阳计七股民众筑架。"因该堡涂氏先祖自安徽凤阳迁徙来此，所以该堡名为凤阳堡。

凤阳堡坐落在微带坡的水田中，主门坐西向东，辅门坐东南向西北（图 2-7-2、图 2-7-3）。东面为南高北低的水田，远方几条由南向北的大山余脉似群龙聚会，有传统民居散建此处。西面是较平的大块水田和旱地，距堡 10 多米处为水泥村道，道边建有砖混结构的民房。北面是菜地，菜地北边建有成排的现代楼房。堡东有一条河卵石铺砌的带数个弯弧的进堡小道，北边特意铺砌较密集弯弧的河卵石小道进辅门（图 2-7-4）。

该堡的堡墙高 6.5 米，基底宽 3.5 米，基础及下部 3 米高的墙体用毛石错位垒砌。上部墙体高 3.5 米，厚度为 0.5 ~ 2 米，用含细石英砂的生土夯筑，墙体内每相隔 0.15 米就用宽 0.04 米的毛竹片垫层。墙间密布三角窗为枪眼。主堡门用青石垒框起券，高 2.1 米，宽 1.9 米，进深 3.5 米，设内外门。外门轴作漏式竹制凉风门（无战事用此门），内安厚重的杂木板门和方形门杠。门额用青石制作，上阴刻"凤阳堡 乾隆七年王春吉书"（图 2-7-5）。辅门用材及做法与主门相同，但比主门大，高 2.1 米，宽 1.95 米、进深 4 米，门额阴刻"德星门"。辅门顶部上方开长方窗，窗边用灰塑加墨绘变体回纹、四季花卉装饰。窗两边用红、黑彩绘条联，上联"彩凤来仪九苞绚瑞"，下联"太阳拱照七叶生春"，联边墨绘梅兰竹菊四君子纹样。联两边各开圆窗一个，当地俗称"凤眼"，窗圈用红与留白画出太阳光芒（图 2-7-6）。堡墙四边和四角有朱、黑、留白彩绘变体盘肠寿纹、回纹和夔龙纹。

该堡平面呈方形，由一层大回廊、二层跑马道、后楼、宽大的内操场、水井等组成。跑马道宽 1.3 米，用毛石砌边，地面用生土夯筑并拍平。用通柱支撑跑马道屋架，梁架为穿斗式减柱造，转角处则采用梁枋斜撑，构成上层跑马道、下层大型回廊的建筑结构。跑马道上的门楼长窗内框墨绘变体夔纹、四季平安花卉。堡内南边靠墙处构筑二层楼，面阔十三间，进深七柱。底楼明间为厅，次、尽间多存放个大体重的财产和牲畜。二层明间为堂，内设神龛，祭祀当地道教之神和列祖列宗。二层所有房间除了住人外，都用来存储粮食。底层檐廊出檐的屋架是在二层楼梁上支立短柱，短柱上再加檩条、望板等，其他堡不见此做法。二层梁架为穿斗式，悬山顶，廊道上的屋架装饰花柱、花拱，这也不多见。楼上四个转角处设厅兼楼道，与跑马道和底层的石台阶相连，以贯通全堡各驻防点。堡内中央宽阔的空坪，据说可以容纳千余人（图 2-7-7、图 2-7-8）。

凤阳堡的特点：一是跑马道所有的内檐柱均从底层立起，这种做法在其他土堡中未见到；二是堡内核心位置没有布建建筑，留出巨大的空地，仅有古井一口，是何用意有待考证；三是风水意味浓重。如主门不用而用辅门，墙外阴阳五行不协调之处用彩绘煞来弥补。在堡墙上用彩绘表达风水观的装饰形式，在土堡中极为罕见。2010 年被列为县级文物保护单位。

图 2-7-1　凤阳堡

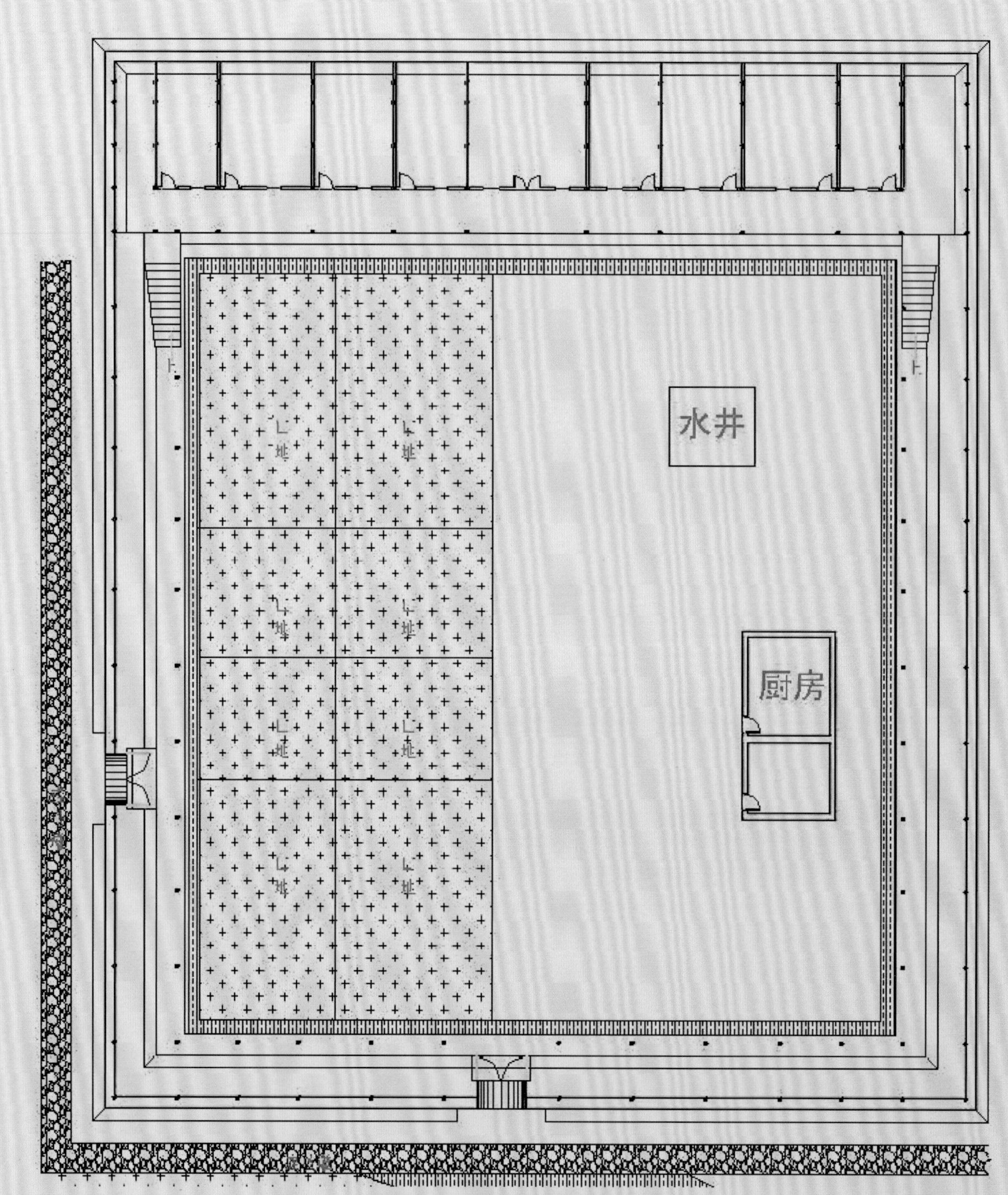

图 2–7–2　凤阳堡一层平面图

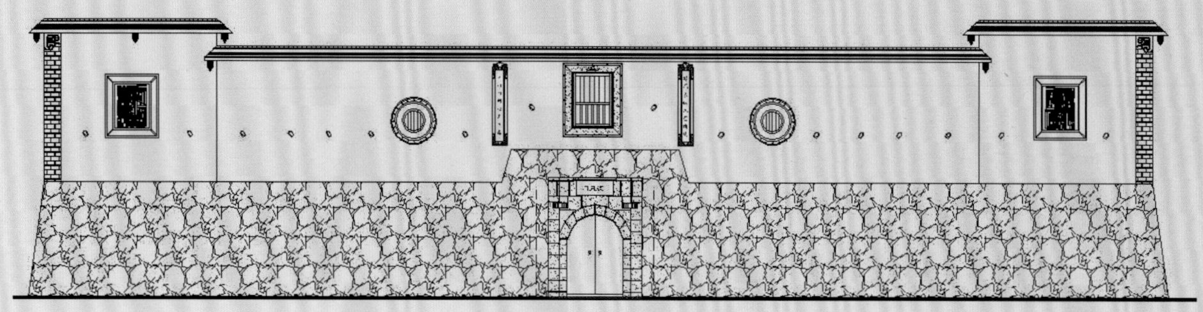

图 2–7–3　凤阳堡正立面（录自《福建三明土堡群》）

图 2-7-7　凤阳堡内院 1

图 2-7-8　凤阳堡内院 2

图 2-7-4　侧看凤阳堡

图 2-7-5　凤阳堡入口门额

图 2-7-6　凤阳堡侧门

8 大田广平龙会堡

龙会堡位于大田县广平镇铭溪村岭兜自然村，清咸丰十一年（1861年）重建。占地面积2300平方米，建筑面积1800平方米（图2-8-1）。

龙会堡的始建年代可追溯到元代。据龙会堡拥有者池氏后裔介绍：该堡始建于元代，原为朱、陈、林、李、乐、游等各姓合建，主要是在元末明初时局动乱时用于避难。池氏池八公在明代早期从大田武陵迁到岭兜时龙会堡就已存在，到了明正德八年（1513年）金二公接管了该堡，并在堡内设祖祠。龙会堡归属于池姓的原因有两种说法：一说是，明代早期由于地产、山场、族人械斗等原因，土堡被势力强大的池姓购买或占有；另一说是，土堡用了一段时间后，上述各姓在管理、使用、财产等方面意见存在分歧，最后变卖给了池姓。此外，据《大田县志》记载，该堡的南面数里处的山冈上，元代建有四角“飞龙亭”，亭两边建有供奉观音的经楼和供奉当地神“太保公”的小祠。每年的祭祀活动都是从堡前出发。这也间接说明龙会堡始建于元代。

龙会堡建在山坡上，坐北向南，平面为方形圆角（图2-8-2）。堡墙高6.4米，墙基厚4.2米，用不规则毛石垒砌，并用灰浆勾缝，上部墙体用熟土夯实。堡正门和偏门均为石砌拱门。正门高2.4米、宽1.7米、深3.8米，安装双扇硬木板，门洞内两侧设栓孔，用直径0.15米的圆木杠牢堡门。门洞上的门额为花岗石，原门额上阴刻“龙会堡”，左侧刻“咸丰十一年辛酉年重建”，右侧刻“池姓合坊共立”。后期在该门额上用厚约0.05米的草拌泥和石灰抹层，四周用细灰做框，额心内楷书堡名，并钤阴纹印章“咸丰”和落款章“池亭立”（图2-8-3）。堡门与堡内门亭相连（图2-8-4）。门亭为四柱单间、单檐悬山式，柱间下端一周设连凳椅栏杆。门亭内左边用毛石砌筑21级阶梯，由此可上二层的门楼和跑马道。

二层堡墙上的跑马道宽2.4米，南低北高，分五级而筑，内跑马道墙体块石包裹至道面，道面用细腻的黄土打实。堡内依堡墙一周原建有二、三层的楼屋，1965～1966年被拆毁。墙屋的做法是，在距地面3.5米的墙上，挖直径0.2米左右、深0.25米、间距2.5～3米的圆孔，插入横梁，横梁上、下每排各支撑4根柱子，柱间铺设楼板，为单坡屋面遮盖。堡内主体建筑与堡门不在一条中轴线上。堡内中轴线上建有前、后两堂，为穿斗式，悬山顶，正脊不出翘，二层檐廊出二跳斗栱承接檩条和屋架。前堂为1964年重建，面阔五间，进深四间，上下两层。下层明间设厅，是主要的议事场所；二层明间设龛，用于宗教活动和祭祖。次间与梢间中部设内通道，通道两旁隔前后两间房，应是地位较高的人居住。厅后太师壁处设 19 级木梯，便于上下走动。前堂的布局、结构与原来的建筑相近，后堂已毁，现存地基（图 2-8-5 ~图 2-8-7）。

该堡注重防御性。土堡所建地点选在二级阶地前缘、相对独立的山坡上。堡的东西墙紧靠两坡坡缘逐级而建，形成天然沟堑，难以攀爬。堡墙南低北高，出现十几米的高差，站在墙根可望不可及。堡墙上共设大方窗 2 个、斗式条窗 49 个，竹制枪孔 85 个。这 100 多个大小不一的窗、孔，控制着土堡外的每个视觉空间。尤其是在堡内门亭二层楼板与堡门交界处设一个高 0.55 米、宽 0.53 米、纵深 0.45 米的方形瞭望窗，如要使用需借助活动梯子。这样的设置在其他堡未见到，应是为了扩大对堡外射击的距离和范围。

该堡注重风水的处理。土堡背靠三重山，左右两边有山垄平和的大山之脉护卫，主门面向的远山是一座如五条长蛇相连的大山，呈五龙相会之势，“龙会堡”由此而得名。堡内原建筑布局是堡西南主门为风水门，不建在中轴线上，堡的辅门安于东北墙处，也不在中轴线上。据说是由于选址只好建在此地，但实用和风水相左，因此堡门和堂屋不能建在一条线上。

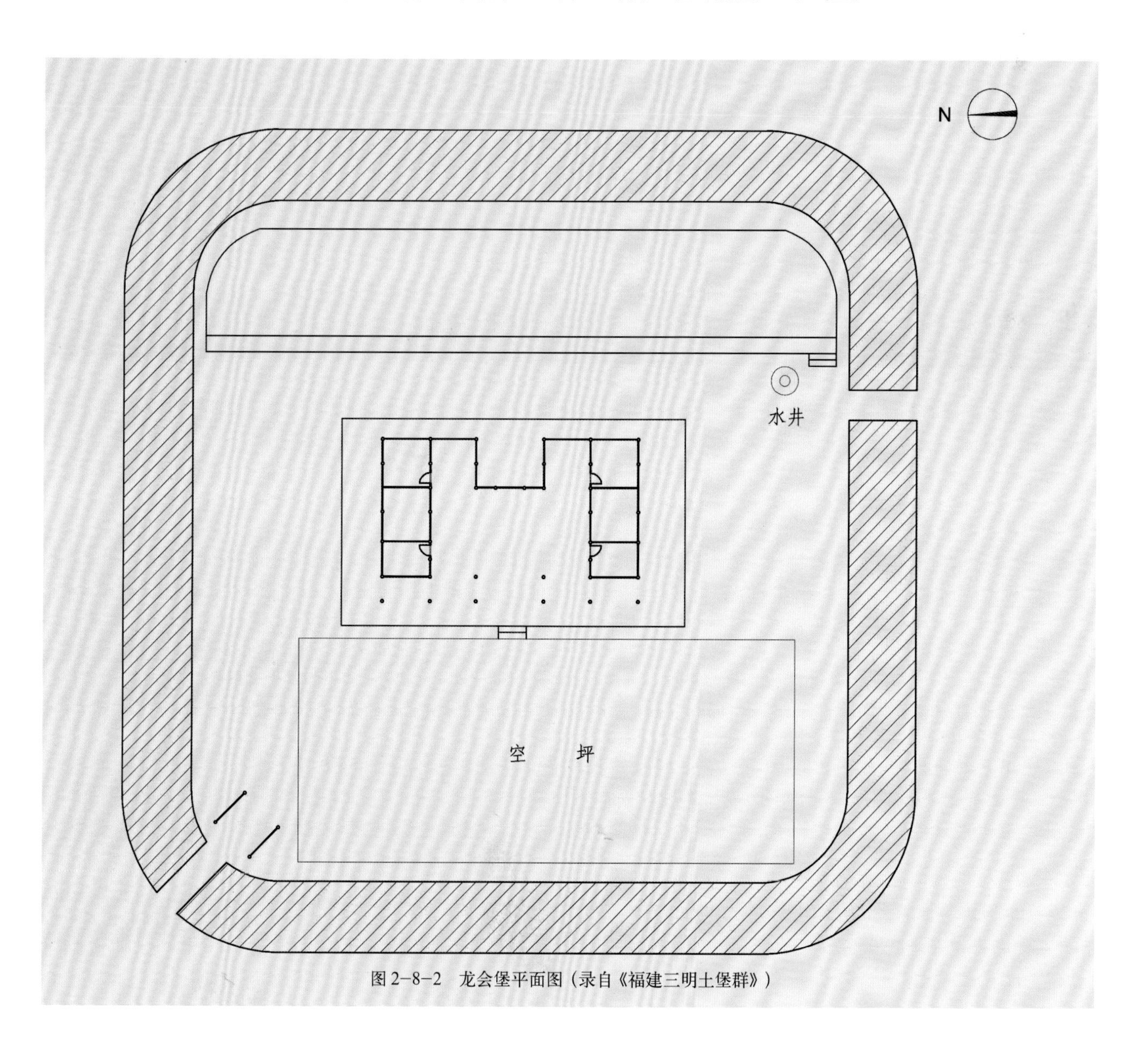

图 2-8-2　龙会堡平面图（录自《福建三明土堡群》）

图2-8-1　夫田龙会堡

龍會堡

图 2-8-3　龙会堡入口

图 2-8-4　龙会堡入口背面

图 2-8-5　龙会堡中部民居

图 2-8-6　龙会堡内景 1

图 2-8-7　龙会堡内景 2

9 大田广平潭城堡

潭城堡位于大田县广平镇栋仁村，建于清光绪年间（1875 ~ 1908 年）。占地面积 2600 平方米，建筑面积 2100 平方米（图 2-9-1）。取名“潭城堡”，一是因土堡建在有两处深潭的铭溪边；二是有让强盗土匪进攻该堡时陷入泥潭的用意。

潭城堡坐落在山间盆地中央，环境优美。弯弯曲曲的铭溪由北向南流淌，犹如一条巨蟒将栋仁盆地一分为二。“S”形的溪水分隔出近似太极图案的空间，潭城堡就建在铭溪东北岸大弯处、太极阴阳双鱼阳鱼的头部，整体位置占据盆地的心脏，是建筑与传统风水观的巧妙结合。另有一条宽 5 米的山溪（当地百姓称津坑小河）犹如银蛇由西向东迎堡门而来，水势逶迤平缓。津坑小河略高于铭溪几十厘米，与铭溪形成不规则的“丁”字形交汇溪流，好似双龙戏水环护着土堡。堡的北面是大片的水田，水田远方有座“双乳峰”，透过“双乳峰”，可看见最远处的文峰山，含有人丁繁衍不衰、文风昌盛永固之意。

该堡坐西向东，平面呈圆形，内径 65 米，由堡墙、主堡门、辅门、跑马道、碉式角楼、主堂、空坪、天井、墙屋等组成（图 2-9-2、图 2-9-3）。主堡门高 2.15 米，宽 1.9 米，进深 3.5 米。主门门洞与干阑式屋架构筑的两层门亭相连，门亭与二层跑马道浑然一体。出堡门亭往左数米，沿着用毛石块砌置的台阶可上二层跑马道、碉式角楼等处（图 2-9-4 ~图 2-9-6）。原来土堡很壮观，堡内中轴线上建有下堂、中堂、后堂，依墙一圈建有一至三层的房子。堡内主、次通道均用河卵石铺就。下堂的左边有一口大水井，供几百人生活绰绰有余（图 2-9-7）。20 世纪 50 年代时，作为高级社社部办公，拆去堡内堂屋，建三层砖混结构的楼房，一直作为村部沿用至今。20 世纪 80 年代，因村部扩建需要，将堡内依墙而建的墙屋拆除。

该堡防御功能突出。一是充分利用自然环境，把天然溪沟作为土堡的护城河，泥泞的水田会造成敌人陷入泥潭、难以自拔的境地。二是高达 12 米的堡墙高不可攀，贯通全堡的跑马道宽 4 米，堡墙上安装以防御为主采光为辅的斗式条窗 26 个、小方窗 3 个，以及大型方窗 1 个；安装竹制枪孔 116 个，其中向下 60° ~ 70° 的竹孔占 95 %，可从不同角度打击来犯之敌（图 2-9-8 ~图 2-9-10）。三是堡门厚重牢固，拱顶上部凿一排 5 个斜口石孔，用竹管延伸斜向二层跑马道靠大方窗下，从孔内可用火铳打击靠近门洞的敌人，或注水湮灭放火烧门的火源，也可注热水、热油烫伤破门之敌。四是建

3 个碉式角楼，有 2 个角楼已被拆除，现存的角楼在该堡的主门西面南侧。该角楼高三层，四方悬山顶，穿斗式结构，建造时收分比较大，远看像一座塔。角楼第三层高出堡墙，站在此层放眼四周，堡内外情况一目了然。第二层有密集的窗孔，并设置了斗型横窗以增加射击活动范围。角楼底层主要设竹制射击孔，孔径特别大，可用九龙炮、台炮猛攻蜂拥而至的大批敌人。

潭城堡是三明土堡中唯一的圆形土堡，弥足珍贵。

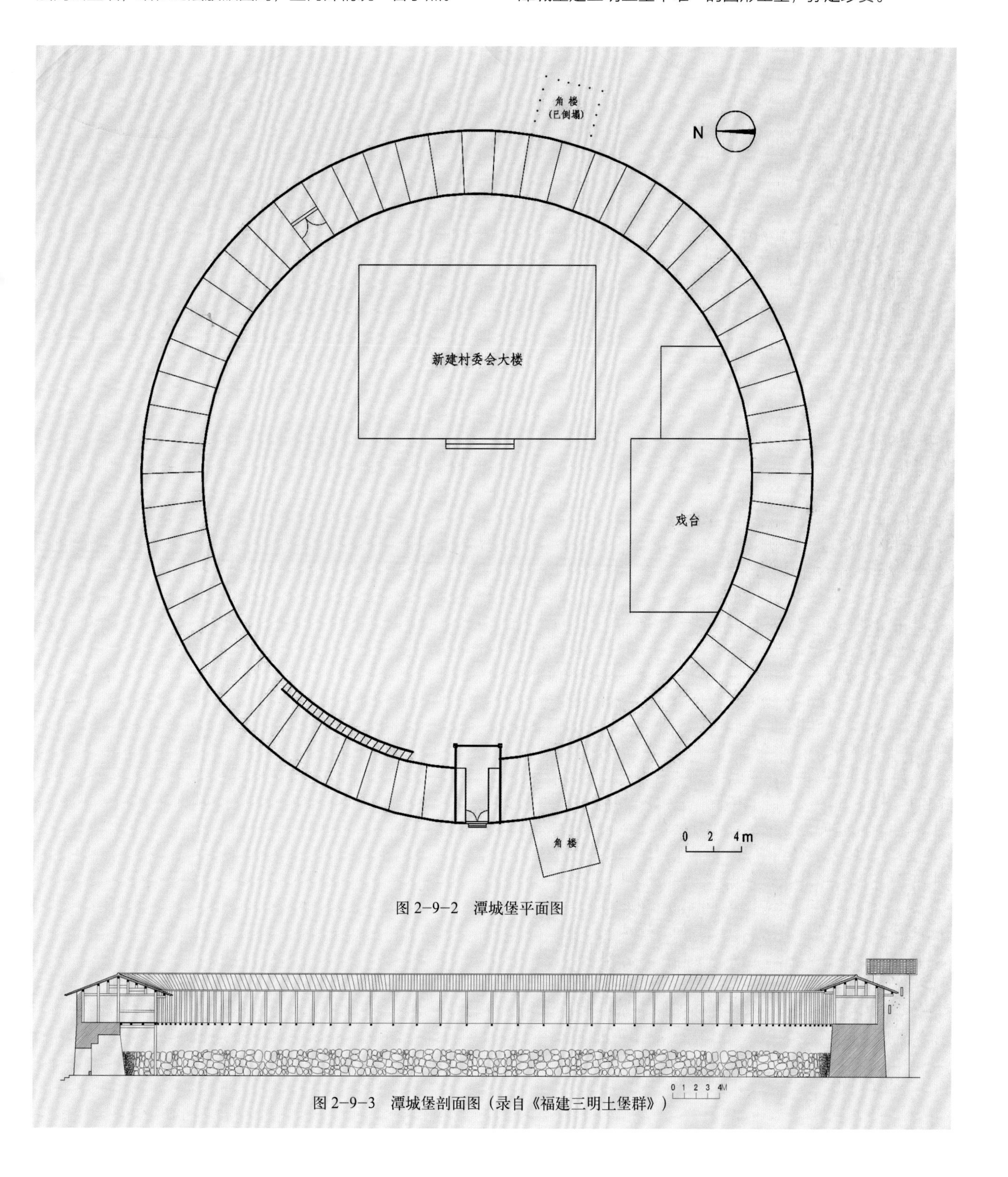

图 2–9–2 潭城堡平面图

图 2–9–3 潭城堡剖面图（录自《福建三明土堡群》）

图 2-9-1　潭城堡

廣平鎮棟仁村

图 2-9-4　潭城堡入口

图 2-9-5　潭城堡入口碉楼

图 2-9-6　潭城堡入口背面

图 2-9-8　潭城堡楼梯

图 2-9-7　潭城堡内景

图 2-9-9　潭城堡走马廊 1

图 2-9-10　潭城堡走马廊 2

10 大田广平绍恢堡

绍恢堡位于大田县广平镇万宅村，为清道光二十九年（1849 年）余祖衡所建。占地面积 3200 平方米，建筑面积 2500 平方米（图 2-10-1）。

据《张氏族谱》记载，堡主余祖衡的父亲与伯父自小失去双亲，靠祖母抚养成人，此后经几十年创业有成，曾构筑燕翼堂、凤阳堂和见心居三栋房屋，并耕读传家。后祖衡接手产业，又有发展，于 1834 年建中洋堂，又于 1849 年再建绍恢堡。

绍恢堡依山而建，四周山势峻峭，堡门外有一条山溪自东向西流过。该堡坐西南向东北，平面前方后圆，兼有府第式、"五凤楼"、围垅屋等民居建筑的特征。主体建筑沿中轴线分布，依次由堡前护沟、前空坪、堡墙、主堡门、辅堡门、前天井、前堂、中天井、书房、正堂、花台（也称"花胎"，是风水要地）、两横护厝、堡墙上廊屋等组成（图 2-10-2 ~图 2-10-4）。正堂位于堡内正中，面阔五开间，进深七柱，悬山顶，穿斗式梁架结构，明间内设太师壁及神龛，供祖宗神位。厢房内为学堂。护厝为居舍、厨房、仓储间等。墙上廊屋以墙承重，屋面为两面坡，外檐出挑以遮蔽墙体，防水冲刷。堡内建筑随地势逐级升高，屋檐层层叠叠，参差有序。

该堡所处的环境是三面环山，只有一条进路，堡外壕沟为天然涧沟，沟上原架有吊桥供出入。由于有特殊的地形环境庇护，绍恢堡自身的防御功能相对比较薄弱。围墙虽然不高但坚实厚重，基础部分用大块毛石堆砌，墙基以上用生土版筑，堡墙上有少量射击孔（图 2-10-5）。堡正门开在南墙正中，门洞拱顶正中设两个注水孔，堡门左、右两侧设落地大漏窗（图 2-10-6）。西南角另开一边门。

该堡建筑装饰工艺精湛。装饰手法主要有木雕、彩绘、灰塑、石雕等，主要内容为文房四宝、花鸟虫鱼、戏曲故事、神话传说等寓意喜庆吉祥、祈寿迎福的图案，技法娴熟，堪称精品（图 2-10-7 ~图 2-10-17）。

绍恢堡是一座兼有防御功能的府第式民居建筑，2009 年福建省人民政府将其公布为第七批省级文物保护单位。

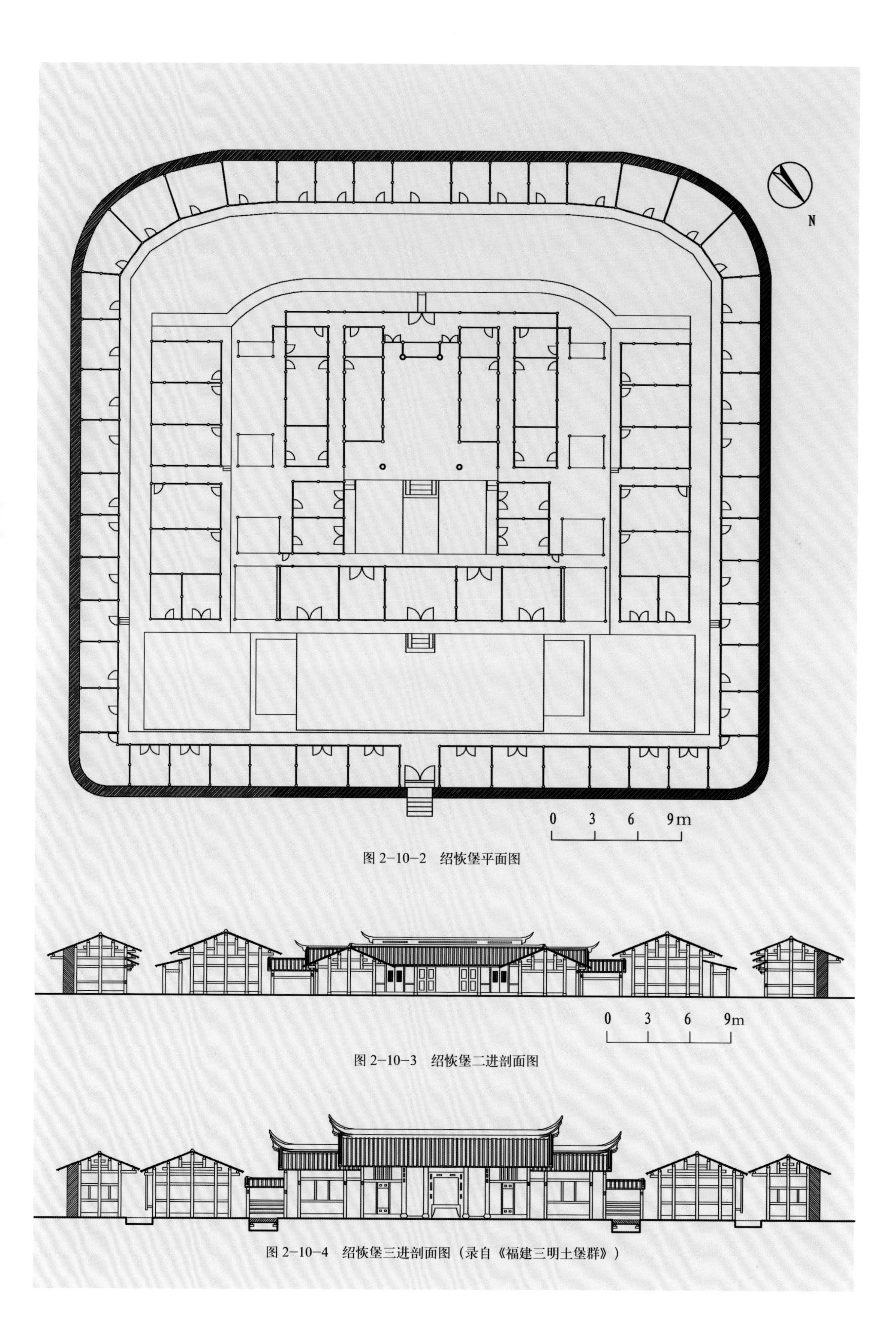

图 2-10-2 绍恢堡平面图

图 2-10-3 绍恢堡二进剖面图

图 2-10-4 绍恢堡三进剖面图（录自《福建三明土堡群》）

图 2–10–1　绍恢堡俯瞰

图 2–10–5　绍恢堡正面

图 2–10–6　绍恢堡入口

图 2–10–7　绍恢堡一进横向庭院

图 2-10-9　绍恢堡三进厅堂正面

图 2-10-10　绍恢堡三进厅堂

图 2-10-8　绍恢堡二进建筑

图 2-10-11　绍恢堡侧屋

图 2-10-13　绍恢堡厅堂屋脊

图 2-10-12　绍恢堡厅堂梁架

图 2-10-14　绍恢堡厅堂装饰

图 2-10-15　绍恢堡屋面防溅墙

图 2-10-16　绍恢堡窗户装饰

图 2-10-17　绍恢堡后院

11 大田广平光裕堡

光裕堡位于大田县广平镇万筹村，为清乾隆年间（1736 ~ 1795 年）郑朝裘所建。占地面积近 3000 平方米，建筑面积约 4500 平方米（图 2-11-1）。

该堡坐落在广平盆地的西北高亢处，坐北向南，背后群山环护，两翼高岗阜起，前望沃野如坻，视野开阔（图 2-11-2、图 2-11-3）。堡的四周为大面积水田，来敌进攻会深陷泥潭。广平溪从堡东侧折向西南流过，如臂膀揽护着古堡。堡内村民可以小溪和堡前弯道作天然屏障，据险而守（图 2-11-4）。堡墙厚重坚固，以细砂岩石作基础，其上为版筑生土墙，并用三合土贴面。拱形门洞顶上设有注水孔防火，堡墙两面坡屋架上的隐蔽处设有机动射击孔（图 2-11-5）。加上堡内各种生活设施齐全，可作长期据守。

光裕堡平面呈前方后圆、中轴对称布局。该堡兼有府第式建筑风格和客家“五凤楼”、围垅屋民居的建筑特点，建筑由半月池、前禾坪、堡墙、主堡门、内禾坪、墙屋、下堂、天井、厢房（书斋）、正堂、后花台、两侧护厝、东西边门等组成，共有房间 80 余间。

熏风门为主堡门，用淡红色砂岩垒砌起券。门洞上安双重木门，外门为腰门，有利通风并可预防小孩外出；二道门为 0.12 米厚的木板门，门后设双杠门闩。墙的东部开辅门，门额楷书“革履家声”。西边堡墙另开一便门。进入堡内是长条式的空坪，坪边用砖石砌置长 2.6 米、宽 1.2 米的水池。坪的南边依墙而建一排墙屋，面阔十五间，进深四柱，明间设门厅，梢间为敞开式的厅，厅上依墙安有用花岗石做的落地式直棂漏窗，窗下设堡内主排水的暗沟。依前堡墙而建的墙屋均为双隔扇门，直棂槛窗。下堂面阔七间，进深四柱，由一堂两厅三间组成，均为双开门，厅内悬挂镏金木匾。出下堂至天井，天井东、西两边厢房内设学堂、居舍，与其他堡不同之处是该堡的厢房门开于背面。正堂面阔五间，进深七柱，重脊歇山顶，穿斗式构架，明间中后部设太师壁及神龛，供奉郑氏祖宗神位，两侧安边门，可至正堂后轩。正堂前檐设弓箭式轩廊，地面的边用特长、特宽的条石铺砌，从此廊可至护厝。与正堂相联的过水亭做得特别讲究，亭两边设美人靠，既休闲又美观。东、西护厝为厨房、仓储间，面阔五间，进深五柱，穿斗式悬山顶，间与间之间设内通道。后部依堡墙而建的墙屋均开单门，墙上外檐出挑，以遮蔽墙体（图 2-11-6 ~ 图 2-11-9）。

该堡的装饰典雅大气。堡门灰塑彩绘门额，额框彩绘缠枝花，额内墨书“熏风门”，门轴石上浅浮雕万字和灵芝纹装饰（图 2-11-10）。下堂地面用红色三

图 2-11-1　四方抹圆的光裕堡

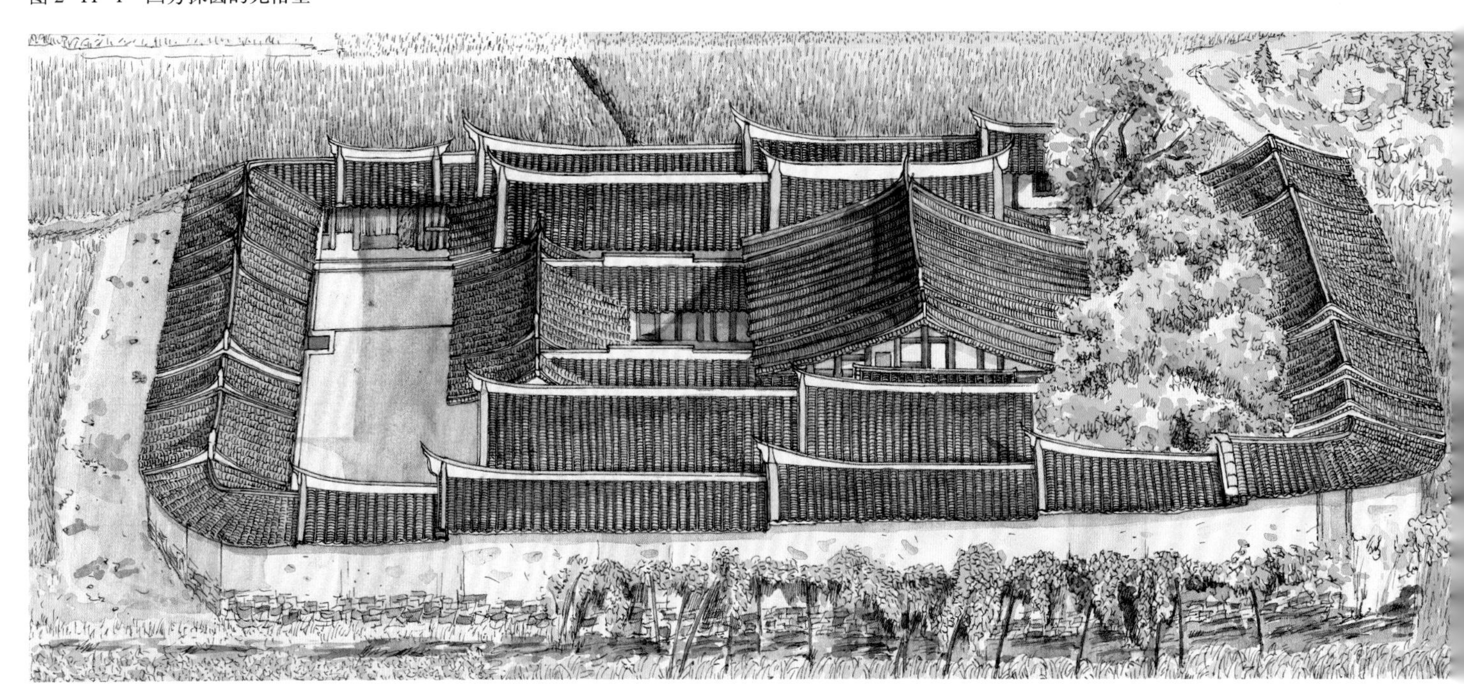

图 2-11-2　光裕堡透视图（王其钧绘）

图 2-11-4 光裕堡正面

合土打制，并用十字、龟背锦、八棱线纹组合装饰。正堂地面用土朱色的三合土打制，面上用正方格纹装饰。金柱和檐柱为八棱开光的圆鼓形柱础，其余柱础为直筒形素面石础。堡内的隔扇门、窗、梁架、雀替上雕刻莲花、牡丹、寿字、佛手等喻意美好吉祥的纹饰，特别是书房门窗上的木雕装饰比比皆是，图案多种多样，惟妙惟肖。下堂和正堂的屋面脊上用彩绘花卉纹样装饰。护厝山花处的装饰特别精美，彩绘和灰塑相得益彰，彩绘的图案有花卉、禽鸟、瑞兽、山水等。处于正堂前檐次间与第一进天井边书房的屋面交接处设置防溅墙（又称雨梗墙），墙上彩绘人物故事、花草动物等各种图案，灰塑楼台亭阁、树石栏杆，楷书“诗礼”、“传家”，装饰美轮美奂（图 2-11-11 ~图 2-11-20）。

光裕堡是一座具有防御功能的府第式民居建筑，2009 年福建省人民政府将其公布为第七批省级文物保护单位。

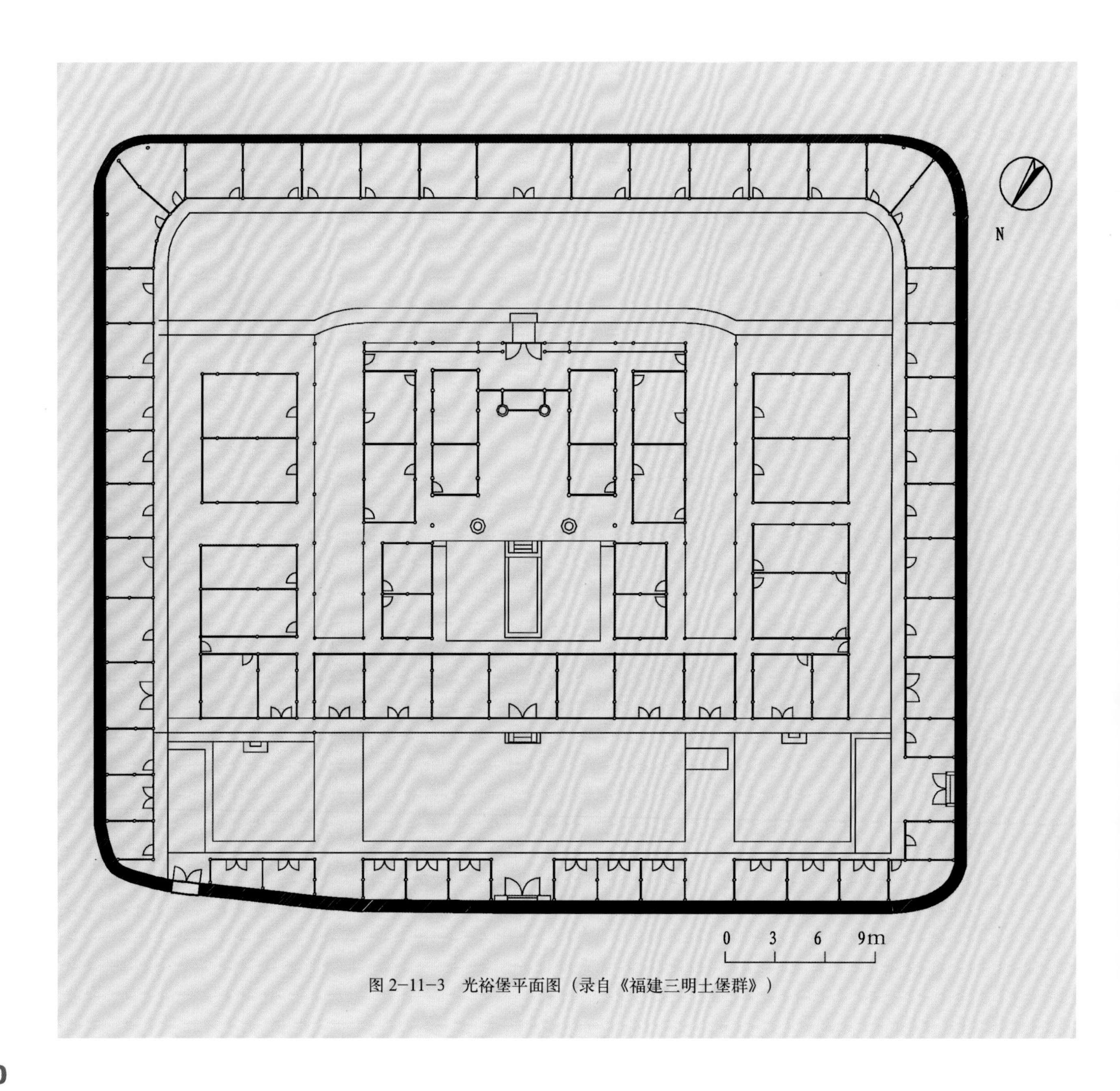

图 2-11-3　光裕堡平面图（录自《福建三明土堡群》）

图 2-11-5　光裕堡入口大门

图 2-11-6　光裕堡一进横向庭院

图 2-11-7　光裕堡二进立面

图 2-11-8　光裕堡后院

图 2-11-9 光裕堡侧屋山墙

图 2-11-10 光裕堡次入口门额

图 2-11-11 光裕堡檐下彩画

图 2-11-12　光裕堡防溅墙彩画

图 2-11-13　光裕堡屋面防溅墙

图 2-11-14　光裕堡厅堂梁架

图 2-11-15　光裕堡厅堂梁架

图 2-11-16　光裕堡厅堂梁架装饰

图 2-11-18　光裕堡窗户装饰

图 2-11-17　光裕堡窗户装饰

图 2-11-20　光裕堡厅堂装饰

图 2-11-19　光裕堡窗户装饰

12 大田太华泰安堡

泰安堡位于大田县太华镇小华村洋头自然村，建于清咸丰八年（1858年）。占地面积1700平方米，建筑面积2100平方米（图2-12-1）。

小华村，又名华山。该村周边的煤矿、铁矿、钨矿众多，良田千顷。明清时林、张二姓由宁化、泉州迁来，一直居住到现在。小华村是泉州、尤溪、大田往来的必经之路，明清时期的土匪经常出没于此，骚扰村民。明末清初，贼匪四起，林氏先民力推林氏二十九代裔孙振千公为首，召集林氏宗亲商议抗击敌匪、保护家园的对策，于是决定建牢不可破的寨堡。大家以自愿的形式参与，依家庭大小、按十股分配，平均出资，实在无钱的，可以出工。泰安堡建成之后，位置始终没变，但经过多次修葺。据《林氏族谱》记载，清咸丰年间，朝纲不振，匪患四起。大田桃园连甲乡有一股悍匪叫“红钱贼”，占山为王，四处放火掠夺，百姓苦不堪言。清咸丰七年（1857年），“红钱贼”一要探出巡踩点途经华山洋尾时，被华山乡的村民发现活埋。贼首得知后大发雷霆，扬言不报此仇誓不罢休。华山乡的村民闻讯，由血性乡勇组成团练，采用先发制人的办法，于同年四月五日，浩浩荡荡前往桃园围剿“红钱贼”的老巢。不料贼寇早有防备，围剿不利。之后，“红钱贼”倾巢出动，于十月二十二日拂晓侵入华山乡烧杀掠抢，全乡一片火海，哀嚎连天，其状惨不忍睹。众乡亲痛定思痛，于咸丰八年（1858年），将泰安堡进行改造扩建，增加了角楼的高度和堡墙的厚度，并增设了书院、练武厅、议事厅，其状保存至今。

泰安堡建在山间盆地当中，坐西南朝东北。该堡近处是大片阶梯状稻田，正前方有一小山丘，形如香案；远方大小山脉重叠，最远处的山峰双峰并列，势若笔架。堡前约100米处，小华溪由西北向东南弯曲流过，形成天然沟堑。与泰安堡相邻的是该堡的附属建筑——广崇堂，用一条长260米的河卵石、毛石铺就的小路相连。当遇到小股土匪时，人们就躲进广崇堂；遇到大股悍匪时，就进入泰安堡进行防御。

泰安堡平面呈前方后弧状，由堡前空坪、堡墙、堡门、墙屋、跑马道、碉式角楼、天井等组成（图2-12-2～图2-12-4）。该堡由毛石与夯土墙构成厚实的墙体，堡内左、右两侧依堡墙砌15级石台阶，可拾级而上至二、三层和跑马道、角楼。堡四角均设碉式角楼，角楼外凸出墙，其中西北角楼清末时扩大为炮楼（图2-12-5、图2-12-6）。堡的主体屋架为重檐悬山式，角楼屋顶为四面坡，高大的角楼与厚重的墙体交相辉映，显示出泰安堡恢宏的气势。堡内中央为面阔6.8米、进深9.2

米的大天井，天井夯出西南略高、东北略低的二层台，方便堡内雨水排泄出堡外，四边用毛石砌置。堡内东南、西北、西南三面依墙而建三层楼房，第一层建房 19 间，有两间作谷仓，拐角处的两间因土堡圆形转角而呈扇形。第二层也是 19 间房，其中靠堡门比较近、相连的 2 间是谷仓，谷仓顶部、地脚和转角处用铁皮封钉，以防止鼠类偷吃谷物。第三层依墙一周为跑马道（图 2-12-7 ~图 2-12-9）。墙屋的西南当心间为厅，是避难时村民居住与议事活动的空间。厅两侧靠天井一面开竖式大窗 2 个、中窗 2 个，既可采光通风，还可凭窗瞭望远处，观察敌情。东北面跑马道靠天井正中处，用杉木做梁，出挑近 1 米，承托 2 个木制方形柜式大谷仓。堡内所有谷仓可储粮 10 余吨，天井东南角有一口直径 1.05 米的水井，让堡内村民饮食无忧。

该堡防御功能齐备。堡墙墙底厚 2.6 米，顶墙厚 2.4 米，下部用毛石砌置、三合土勾缝，上部用生土夯筑，各层均有射击孔、瞭望窗及斗式条窗。4 座外凸式碉式角楼的一层为实体，二层墙面设竹制枪孔，三层墙体开始收分 0.2 ~ 0.3 米。东南角楼高达 7 层，每层均密布斜状射击孔，可控制堡四周的各个角落。西北角炮楼面积特别大，炮口对准土匪经常出没的方向。该堡仅开 1 个堡门，门洞用花岗石起券成拱，外拱小，内拱大，设三道木门，易守难攻（图 2-12-10）。第一道门用 5 块 0.08 米厚的栲木串拼而成，左扇门中部钻一个圆孔（类似如今防盗门的猫眼），堡内人既可以观察洞外情况，也可用竹子做的抽水筒灌入热流物，注喷偷窥和靠近堡门的敌人。石拱顶上凿两个圆孔，有着当年用高温的流质物（如热水、热桐油等）打击匪寇遗留下的痕迹。第二道门用 0.09 米厚的椎木串拼，门中部开与第一道门相同的“猫眼”，两侧的石墙处各凿上下一排的方孔，用粗木杠栓门。第三道是最大的木门，门内有更粗的双重门杠栓牢。泰安堡构筑上下厚度接近的堡墙和用三道门把守堡门，为三明土堡仅有的实例（图 2-12-11）。

泰安堡建筑高大恢宏，防御功能突出，2009 年福建省人民政府将其公布为第七批省级文物保护单位，2013 年国务院将其公布为第七批全国重点文物保护单位。

图 2-12-1　大田泰安堡

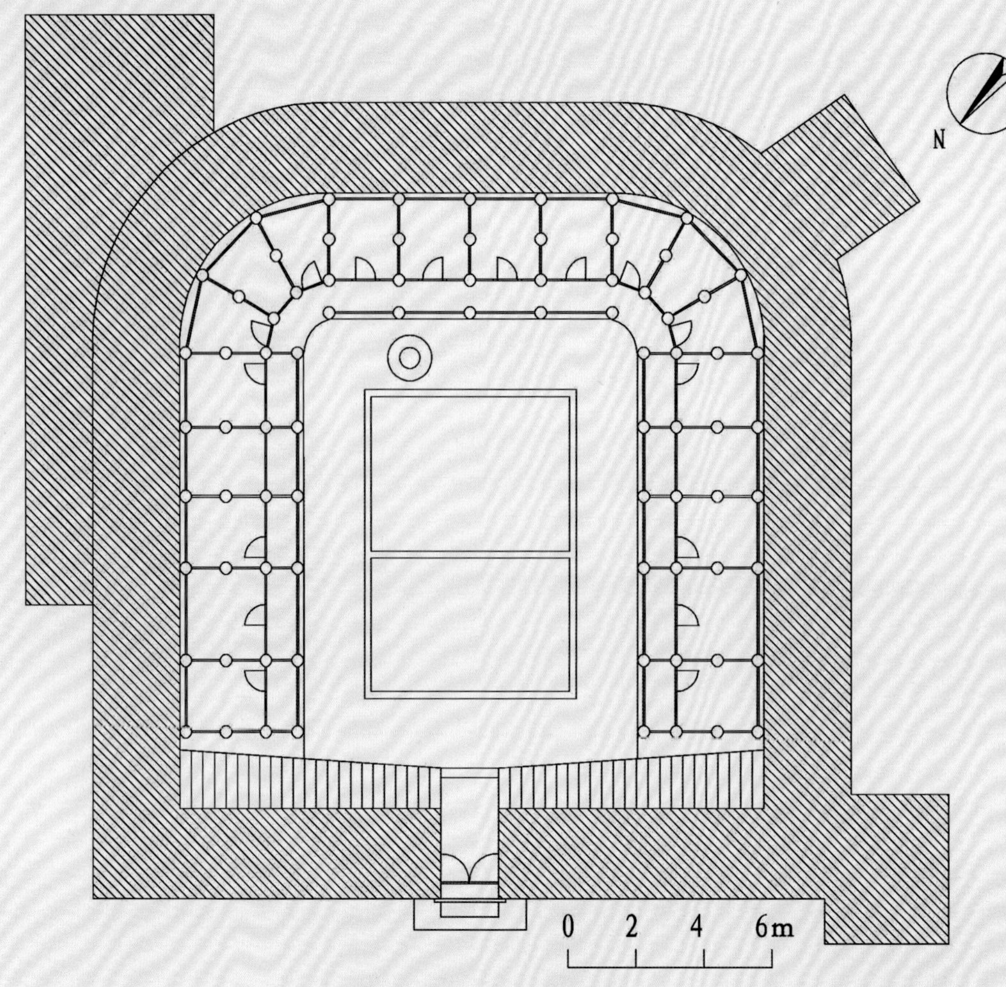

图 2-12-2　泰安堡平面图

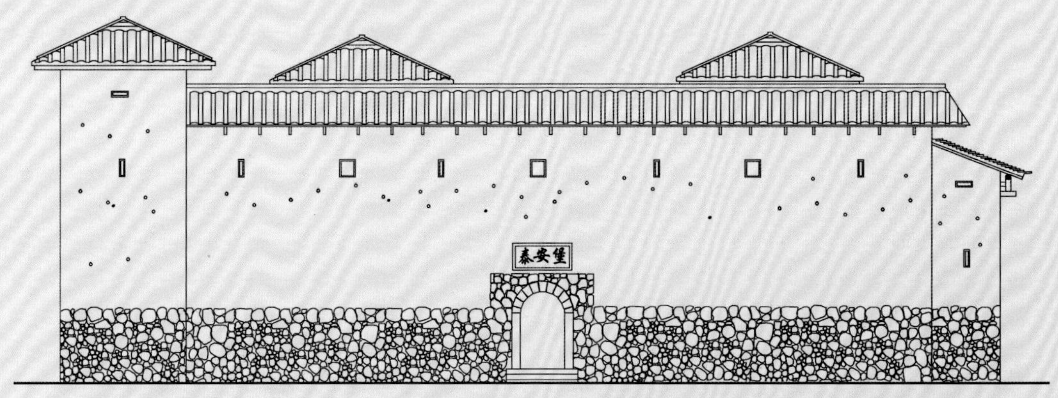

图 2-12-3　泰安堡正立面图

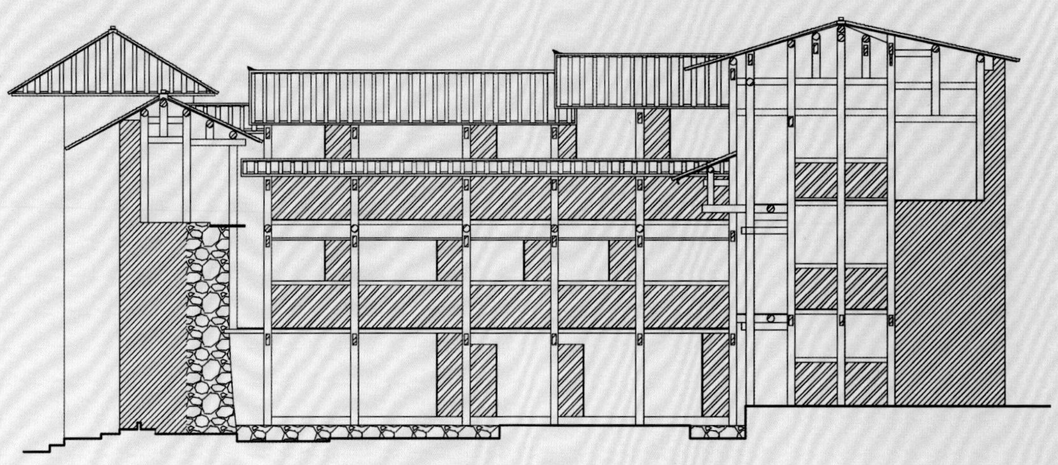

图 2-12-4　泰安堡剖面图（录自《福建三明土堡群》）

图 2–12–5　泰安堡侧立面

图 2–12–6　泰安堡侧立面

图 2-12-7 泰安堡内院

图 2-12-8 泰安堡内院一角

图 2-12-9 泰安堡楼梯

图 2-12-10　泰安堡入口背面

图 2-12-11　后砌的炮楼与前砌的堡体质量不一

13 尤溪台溪茂荆堡

茂荆堡又名盖竹堡，位于尤溪县台溪乡盖竹村，清光绪八年（1882年）始建。占地面积2600平方米，建筑面积近3000平方米（图2-13-1）。

茂荆堡坐落于盖竹村东隅。盖竹行政村辖4个自然村，分别为厚地、后洋、下寮山、松山，行政村所在地为厚地。茂荆堂为陈姓村民的祖宅。据传陈氏先祖家资颇殷，遂于厚地村东侧山坡选址，一母四兄弟合建茂荆堂（另有同父异母两兄长没有参加营建），历时十余载方成，取厝名为茂荆就是表达兄弟昆仲同枝并茂的本意。

该堡依山而建，要靠近该堡，必须经过1公里的弯曲山道。在接近土堡200米处的山垄两边有巨石，是用于放哨报警的，当用石块敲击巨石时，堡内的人能够听到响声而得知有人到来。该堡利用高坡辟出三个台基，堡前又用块石垒砌成高而长的石阶，阶上联建多级高4.5米的门坪，这是匪寇首先要逾越的障碍。堡门用条石做门框，门顶镂有3个直径0.06米的注水孔，木门板用铁皮包裹，门后有竖条门杠封牢堡门（图2-13-2）。堡墙高8.5米，用大块毛石垒砌的墙体厚3米，高6米。其上的墙体用黄红壤添加小山石夯筑，墙内每隔0.5米放入小石竹做筋，以增强堡墙的稳固性。墙上安置200多个不同方向的枪孔和几十个斗式条窗。跑马道及前廊依墙而建，跑马道为阶级状。该堡前后高差大，层层屋脊错落有致，形成极美的音律感。

该堡坐东北向西南，平面呈前方后圆状。中轴线由北向南依次建有门厅、前楼、天井、厢房、主堂、后楼、护厝、后花台等。门厅边灰墙上行楷墨书“凤、麟”两字。门两侧设木拱门，可进一层的碾米房、侧天井、洗浴房、地下室（图2-13-3）、珍宝库、厕所、粮仓等，侧墙边设石阶直通跑马道。门厅为较陡的二层，石台阶边一侧设悬空的哨楼。前楼面阔七间，进深六柱，明间设隔屏，从屏边侧门可至跑马道及前廊。廊前用土木墙作隔断，明间墙上安大型八棱窗，次间墙上安置圆形槛窗（当地百姓称之为凤眼），梢间、尽间相间安置小方窗和圆窗，窗边、窗下安置固定的板凳。在正面堡墙上安装6个圆窗的做法很是独特，醒目而又美观。前楼二层几乎都是粮仓。中天井为二层。厢房面阔三间，进深三柱，也分二级布建。下级厢房为单间房，上级为两间，中间为书院。安双扇隔扇，厢房檐廊柱梁上安垂莲柱。上级厢房靠主堂处的二层设绣楼，开双扇花格槛窗，为女孩居住和读书处。

主堂为“茂荆堂”，面阔五间，进深七柱，为穿

图 2-13-2 茂荆堡大门

图 2-13-1　尤溪茂荆堡

斗式结构，悬山顶（图 2-13-4）。步入客厅，目之所及皆雕梁画栋，所刻图案雕工精美，主题多为《二十四孝》或《三字经》中的典故。鼓墩式青石柱础的表面浮雕东方朔偷桃、三国典故、壮士练武、农夫樵耕、凤穿牡丹、鼠食葡萄、鼠兔一家等纹样。金柱间设太师壁，壁上悬挂“茂荆堂”横匾，匾下贴挂祖先遗像。次间另开侧门进入，分前后房，为长辈所居。前檐两端设边门，可至过水亭及护厝、扶楼。扶楼面阔六间，进深四柱，设内通道，道一侧为粮仓，另一侧为厕所。护厝面阔七间，进深三柱，主要是居室和厨房。厨房门下设鸡舍，灶前或灶后置地窖。后花台整理成坡状，用天然山石作景致，并种植梨树、柿子、梅花等花木。后楼二层，为干阑式结构。上层设书院，面阔五间，进深三柱，书院连着跑马道；下层摆放柴草等物。全堡共有房 108 间（图 2-13-5 ~ 图 2-13-9）。室内墙壁上还粘贴着 1928 年美国洛杉矶英文报纸和 20 世纪 20 ~ 30 年代的报纸、画报、宣传单、广告、招贴画、红军标语等。

茂荆堡含有土堡、围垅屋、围屋等当地民居多种建筑元素，建筑雄伟壮观，空间安排合理，装饰工艺精湛（图 2-13-10 ~ 图 2-13-13）。2013 年福建省人民政府将其公布为第八批省级文物保护单位。

图 2-13-3　茂荆堡地下室

图 2-13-4　茂荆堡厅堂

图 2-13-5　茂荆堡侧屋

图 2-13-6　茂荆堡后院

图 2-13-7　茂荆堡侧庭院 1

图 2-13-8　茂荆堡侧庭院 2

图 2-13-9　茂荆堡外围护

图 2-13-12　茂荆堡梁架 2

图 2-13-10　茂荆堡通风口与排水口

图 2-13-11　茂荆堡梁架 1

图 2-13-13　茂荆堡厅堂柱础

14 尤溪书京天六堡

天六堡又名光裕堡，位于尤溪县台溪乡书京村，建于清道光三十年（1850年）。占地面积2600平方米，建筑面积2200平方米（图2-14-1）。

天六堡是邱氏先祖长厚公为防匪患率孙子们所建。据《书京邱氏族谱·书山支系历谱》记载："长厚公，字永重，耆宾为重芳，生于乾隆三十八年十一月二十六日戌时……岁庚戌公既八旬，思生平做事事如心，可以大快，奈首未攀其愿犹未足，乃率孙子开基、横路、垒架，造光裕堂一座，坐辛兼酉，作为土堡。……入宅后，曾孙迭出，可贺'三架华夏富润屋，八旬长享德润身。'卒于咸丰癸丑三年。"

天六堡依山而建，四周的围墙沿着山势攀坡而筑(图2-14-2～图2-14-4)。堡墙高6米，厚2.4米，基础用大块河卵石垒砌，出露地表至2.5米用毛块石垒砌。在墙的底部用0.25米×0.25米×1.20米的条石做双重地漏窗，窗上用预制好的凹形厚砖做花型漏窗。石墙之上用生土夯筑，墙顶承托墙屋和跑马道屋架。堡门的门洞用条石和楔形石垒砌起券，顶部的大理石门额上镌刻"宽厚流风"四个遒劲的大字和"道光三十年梅月吉旦"，为当时县令傅宗武所题（图2-14-5）。门顶及两侧镂有带导流槽的圆形注水孔，门上镂2个注水孔，门楣的石板上有外部直径0.06米的射击孔。大门的门板厚0.05米，外钉7毫米厚的铁皮和铆钉加固，门后安5组粗门杠（图2-14-6）。堡前右侧建三层碉式角楼（20世纪80年代倒塌），对角的后楼左侧建二层碉式角楼，用雷公柱支撑四面坡屋架和屋面，悬山顶。堡墙上有120多个方向不同的枪孔，每隔5米就有射击孔，可交叉御强寇。

天六堡最大的特点是，依山势分四级台基构建，前后落差近15米，从大门须登35级台阶才到主厅（图2-14-7）。该堡坐西向东，平面呈前方后圆状，由前通道、高台阶、堡墙、堡门、两级门厅、前楼、高陡台阶、天井、二级厢房、主堂、护厝、后花台、后楼、碉式角楼、阶梯状跑马道等组成。

前楼共两层，为穿斗式结构，悬山顶。一层面阔七间，进深八柱，明间中部设双扇隔屏和转弯侧门，次间与天井台阶相连，此处用木栏杆隔开，内部为粮仓。二层面阔九间，进深七柱，明间为厅，次、尽间隔成前、后房，最边上的尽间设侧门。厕所建在前楼梢间转弯与护厝交接处、靠天井和漏窗最近处的地方，粪坑安在一层天井旁，厕所蹲坑与粪坑落差3米多，污浊之气能随风很快排出堡外。该楼前廊畅通，长30多米，宽1.9米，廊前用厚板和土墙封隔，墙上安 6 组双扇窗门的槛窗，窗下用青砖和三合土做雨梗墙，靠墙部安置长条木凳。窗侧和窗下设不同方向的枪孔，守住堡门和进堡的路口。廊的两端设木梯至跑马道和碉式角楼内。后檐廊的明、次间位置处设凭栏，廊柱上出二跳斗栱承托檩条和屋架。二层明间前墙中部设斗式条窗，窗下设直径 0.2 米的注水孔。从前楼后部 13 级台阶至中天井。天井为二层，两侧建二层厢房。厢房面阔五间，进深五柱，房前设檐廊，上层明间为厅，厅内辟为书斋，下层为房（图 2-14-8、图 2-14-9）。

主堂面阔五间，进深七柱，为穿斗式结构，悬山顶。明间中后部设太师壁，次间隔前后间，二层设阁楼，梢间设子孙道。明间的柱础为鼓墩状，精雕细琢飞禽走兽、花草争春等图案。地面用米色三合土打制。次间与厢房间的雨梗墙上用红、绿、黑彩绘郊游、农耕图。次间设双扇侧门，通过梢间和过水亭可至护厝，过水亭两侧设凳栏，是休闲的好地方。主堂与护厝间的天井依山势构建，落差大，排水系统与堡墙处地漏窗相连，大水能很快排干。护厝为二层，面阔八间，进深三柱，前为餐厅，后为厨房。后花台左侧靠厨房的地方有方形水井，可供全堡人饮用。后花台两侧设石阶，可至跑马道。跑马道分 4 级，最上一级可至后楼（图 2-14-10、图 2-14-11）。后楼二层设“天六堂”和书房，一层为干阑式结构，专门存放柴草、粮食等东西。

天六堡建筑群落庞大，建筑布局合理，雕刻图案精美，19 世纪中期曾被许多富家大户仿造（图 2-14-12 ~图 2-14-21）。2013 年福建省人民政府将其公布为第八批省级文物保护单位。

图 2-14-1 建在高坡上的天六堡

图 2-14-2　天六堡

图 2-14-3　天六堡内后楼与主厅堂屋面

图 2-14-4　晨曦中的天六堡

图 2-14-9　天六堡侧庭院

图 2–14–5　天六堡入口大门

图 2–14–7　入口台阶

图 2–14–8　天六堡二进大厅

图 2-14-10　天六堡后围墙

图 2-14-6　入口大门铁皮包裹的门扇

图 2-14-11　堡内走马廊

图 2-14-12　堡内梁架雕饰

图 2-14-13　从主厅堂看入口上部

图 2-14-15　从后部看主厅堂

图 2-14-14　入口楼梯的上部空间

图 2-14-16　侧廊楼梯

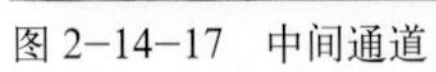
图 2-14-17　中间通道

图 2-14-19　侧庭院

图 2-14-18　堡内观察孔

图 2-14-20　堡内屋面防溅墙

图 2-14-21　主厅堂屋面的燕尾脊

15 尤溪书京瑞庆堡

瑞庆堡又名邱家堡围，位于尤溪县台溪乡书京村，建于清光绪六年（1880 年）。占地面积 2500 平方米，建筑面积 2300 平方米（图 2-15-1 ~ 图 2-15-3）。

瑞庆堡坐落在天六堡的东南方，为邱氏先祖长厚公的长孙荣华公所建（图 2-15-4）。该堡依山而建，坐西南向东北。平面呈前方后圆状，由台阶、门坪、护堡濠、堡墙、堡门、下堂、天井、厢房、主堂、护厝、后花台、跑马道、碉式角楼等组成。堡门前用块石垒砌台阶和门坪。门坪两侧挖长 13 米、宽 2 米、深 1.5 米的护堡濠，濠内侧用大块山石垒砌出高 3 米、厚 1.3 米的堡墙，墙体之上用红黄壤夯筑至 4 米，石墙与土墙之间用预制青砖做花格漏窗。堡门用米色凿面砂岩条石垒砌作框，石门额上阴刻楷书填红描黑“紫气东来”、“大清光绪六年瑞庆堂春立”，两旁对联：“分封上溯营丘地，选胜宏开瑞庆堂”。门框两侧用厚三合土打制，十分牢固（图 2-15-5 ~ 图 2-15-8）。堡墙上密布不同方向的枪孔，不少枪孔藏于屋架的缝隙处，隐蔽性较强。屋架穿枋直接架于土墙顶部，出露一端安置垂莲柱。跑马道为阶梯状，宽 2.4 米，靠外边为台阶，里边为坡道。

下堂面阔七间，进深三柱，檐柱上出二跳斗栱承托檩条和屋架。明间中后部设隔屏，进天井需经过隔屏两侧的曲折木门，梢间处设内通道至护厝。天井为二层，用凿面条石镶边，地面用三合土打制，设六组如意踏跺上下。天井两侧的厢房分二级构建，面阔四间，进深三柱，靠主堂一侧设书斋。

从天井、厢房处的石阶可至主堂。主堂面阔五间，进深七柱，为穿斗式结构，悬山顶。檐廊前柱间用透漏拐子花作护栏，柱上出三条斗栱承托檩条和屋架。柱础为方形，表面浮雕牵牛花、竹节、蝴蝶、梅花、玉兰、雀喜梅等图案。前后枋上双重辅间补作用葫芦柁墩支撑。枋上双凤匾托上悬挂鎏金匾额“创业垂统”，为当时尤溪县县令汪学澄所题。次间设隔断和隔扇，出此门可至护厝。护厝为双排，面阔七间，进深三柱，厝与厝之间有过水亭相连。护厝主要是住房、厨房、农具房、杂物间等。后花台为三层，种植桃、柿子等果树。最顶部为书院，面阔五间，进深五柱，为穿斗式结构，悬山顶。书院的明间设厅，尽间的隔墙上布满了枪孔（图 2-15-9 ~ 图 2-15-13）。

瑞庆堡兼有土堡、围垅屋的建筑元素，但防御功能比围垅屋强得多。2013 年福建省人民政府将其公布为第八批省级文物保护单位。

图 2-15-1　尤溪书京瑞庆堡

图 2-15-2　山坡梯田中的瑞庆堡

图 2-15-4　瑞庆堡与天六堡互为犄角地位

图 2–15–3　俯瞰瑞庆堡

图 2–15–5　侧看瑞庆堡

图 2-15-6　堡前的高台阶增加了防御的效果

图 2-15-7　瑞庆堡的通风孔和排水沟

图 2-15-9　瑞庆堡挡溅墙

图 2-15-8　瑞庆堡堡门

图 2–15–11　瑞庆堡后部

图 2–15–12　堡中民居

图 2-15-10　堡内牌匾

图 2-15-13　瑞庆堡走马廊

16 尤溪中仙聚奎堡

聚奎堡又名“寺坂寨”、“聚奎堂”，位于尤溪县中仙乡西华村，占地面积6552平方米，建筑面积约3000平方米（图2-16-1）。

聚奎堡是陈姓乡绅为抵御土匪及外人入侵而修筑的。清乾隆十九年（1754年）始建，道光十二年（1832年）复修，咸丰三年（1853年）筑围墙为土堡，历时27年，尚未完工又遭到土匪焚烧，现存建筑为清光绪十四年（1888年）重建。因该堡历史上出过10余位名人，大有奎士聚集之意，所以取名聚奎堡。

聚奎堡矗立在大山深处的盆地边，背靠高山，面对逶迤的群山，前后左右有水田相围，一条山溪从堡前缓缓流过。该堡坐西向东，平面呈横向长方形，整个建筑依地势略有落差。四周筑堡墙，二层设一圈跑马道，东北、东南、西南三角设碉式角楼。堡内建筑有三进，沿中轴线依次为门厅、中堂、正堂、后堂，堂与堂之间辟有天井，每进均用防火墙隔离。主体建筑面阔五间，进深七柱，为穿斗式结构，悬山顶。左右各有护厝，因受地形所限，北面有三直侧屋，南面只有二直侧屋。堡前中央及东北角各辟有一门，大门外有上、下两个露埕。埕上竖立了对旗杆，杆柱部分用长1.8米、宽0.45米的青石板旗杆夹固定（现仅存同治年间立的旗杆一根和光绪年间立的旗杆夹一对）。堡内有大小房间216间，碉式角楼3个，水井5个，石质大水柜5个，粮仓2个，藏物窖2个，射击孔60余个，斗式条窗80个，在功能上充分考虑防御和生活的需求。

该堡防御功能强。进堡时，必须通过特意设置的一条13级的长石阶，这主要是不让匪寇能方便顺畅攻击土堡。堡墙厚3米，5米高的墙基用规整的毛石垒砌，石缝用三合土勾抹封牢。其上3.5米的墙体用生土夯实而成，墙面用白灰面粉刷。跑马道主要踩踏面用厚木板架在土墙中，墙体上安斗式条窗、小方窗、竹制枪孔，并设放置照明灯具的灯龛。正门的门洞用花岗石条石垒砌起券，券顶上精致的书卷石门额上阴刻楷书“聚奎堡”（图2-16-2）。门洞上方凿多个角度不同的注水孔，木门包以铁皮。土堡正面设不对称碉式角楼，为了增加建筑美感，正面屋面山花墙与堡门方向一致。东北角、西南角的碉式角楼凸出堡墙1.5米，为防御提供了良好的视线。西北的碉式角楼做成半弧状，并在一层开一偏门，与之相连的墙体故意斜直砌置，一是为了土堡后部的防御，二是为了风水。

沿着两层露埕往上，登上台阶进入堡门。前依楼有二层，面阔十一间，进深五柱。下一级石阶至中天井，天井两边是厢房兼书斋。上 3 级台阶至中堂，中堂面阔五间，进深七柱，梢间两边用高 6.5 米、厚 0.8 米的风火墙将主堂与护厝隔开（图 2-16-3、图 2-16-4）。墙上各开 3 组小门，门与门之间横向连有廊道。出中堂至中部双层天井，天井两侧设书斋。过天井上 5 级石阶至正堂，正堂面阔五间，进深七柱，设神龛祭祀列祖列宗。过较宽的排水沟至长条形的后天井，天井后部为后楼，后楼上、下各 12 间。堂与护厝之间由过水亭互通。护厝每边各有 11 个房间，内设通道、天井和檐廊。据陈氏家谱记载，该堡内出过陈经正、陈文明、陈文义、陈逢治等 10 余位文人，现存堂内大厅上有道光、光绪年间立的“文魁”匾 2 方、“璧水声光”匾 2 方，富有文物价值（图 2-16-5 ~图 2-16-14）。

该堡的一个显著特点是，非常注重堡内防火设施的构筑。堡内筑两竖三横的封火墙，纵横交错将主堂屋与护厝隔开，形成相对独立的区域。封火墙高出屋面 1.2 米，为“驼峰式”和“风字式”，颇具福州民居特色。同时在墙与墙之间的门廊处堆放预制好的土坯，以便及时堵塞门洞，防止“火龙”乱串，殃及整座土堡。天井内还备有多个用整块青石雕凿而成的蓄水池，以备灭火之用。

聚奎堡构筑雄伟，并具有多元建筑文化交融的特色，2001 年福建省人民政府将其公布为第五批省级文物保护单位。

图 2-16-1　聚奎堡

图 2-16-2　聚奎堡入口大门

图 2-16-4　主厅堂内景

图 2-16-3　从入口看主厅堂

图 2-16-5　合院侧屋

图 2-16-6　堡内公社化时期遗留的标语

图 2-16-9　聚奎堡侧庭院

图 2-16-7　堡内走廊

图 2-16-8　聚奎堡后院一角

图 2-16-10　堡外晒架上的竹匾形成美丽的图案

图 2-16-12　堡内厅堂中供奉的土地公

图 2-16-11　走马道上的观察孔

图 2-16-13　古老的锁头

图 2-16-14　梁架

17 尤溪西城卢家大院

卢家大院也称后山渡民居，位于尤溪县西城镇团结村，清末始建，民国 16 年（1927 年）扩建。占地面积 9984 平方米，建筑面积 3825 平方米（图 2-17-1）。

卢家大院系原国民革命军旅长卢兴明的私宅。卢兴明是尤溪籍军阀、原国民革命军师长卢兴邦的堂弟。该建筑为卢家祖屋，1927 年由卢兴明扩建，历时 5 年竣工。1934 年 7 月，粟裕领导的红军北上抗日先遣支队曾进驻卢家大院，至今大院的走廊、照壁、内墙、门厅等处仍保留着大量的红军标语。1937 年抗日战争爆发，卢部以民族大义为重，4700 多名将士毅然决然走向抗战的最前沿 ,4300 多名勇士壮烈牺牲。卢家大院是该部人员补充、集训、战前动员及物质筹备的重要后方基地（图 2-17-2）。

大院坐西向东，平面呈前方后圆状，中轴对称布局（图 2-17-3 ~图 2-17-5）。由外壕沟、练兵场、山门、围墙、大坪、门厅、中堂、前后厢房、正堂、后跨院、后花台及东西护厝、堡楼、兵营等组成，共有房间 208 间。其石雕、木雕、彩绘别有风味，既有传统技艺，又含有西洋韵味。

大院分三个大台基而建。台基用大块毛石、河卵石垒砌，用花岗石、砖、土作墙体，围墙带石质墙帽（图 2-17-6）。由用花岗石条石铺砌的前大坪上 3 级台阶进入大门。大门为花岗石门框，门上叠涩内缩上承石质门楣，匾状门额上楷书阳刻“范阳世胄”，门框两侧阴刻对联“风云会合征诸时瑞，山川磅礴郁为国华”，旁边还刻有花草仙鹤图案（图 2-17-7）。门厅为单间，穿斗式结构，重脊悬山顶。额枋以斗栱隔架，花式童柱，飞马、飞狮做花梁架，廊檐斗栱承短柱，鼓状柱础上刻莲花瓣。门厅两边各有耳房一间。横长方形的天井用花岗石条石铺砌，中间高起作通道。天井两侧为两室一厅的厢房。中堂与厢房交接处各有 3 级石阶，厢房与中堂檐下部位立挡溅墙。正间外沿廊檐下整体凹下一方形平面，可作戏台。中堂面阔五间，进深九柱，设太师壁和前后轩，抬梁穿斗混合式结构，重脊悬山顶带前、后檐廊。后楼及正堂为穿斗式， 重脊悬山顶，一层明间设堂，二层设龛，次间、梢间、尽间为书房和住房（图 2-17-8 ~图 2-17-17）。大院北侧筑堡楼一座，共四层，梁架结构为穿斗式结合雷公柱，屋面为悬山与四面坡结合，每层设有斗形条窗和竹制射击孔。

卢家大院是福建省极其罕见的集民居、兵营和土堡等防御设施为一体的防御性庄园建筑，2009 年福建省人民政府将其公布为第七批省级文物保护单位。

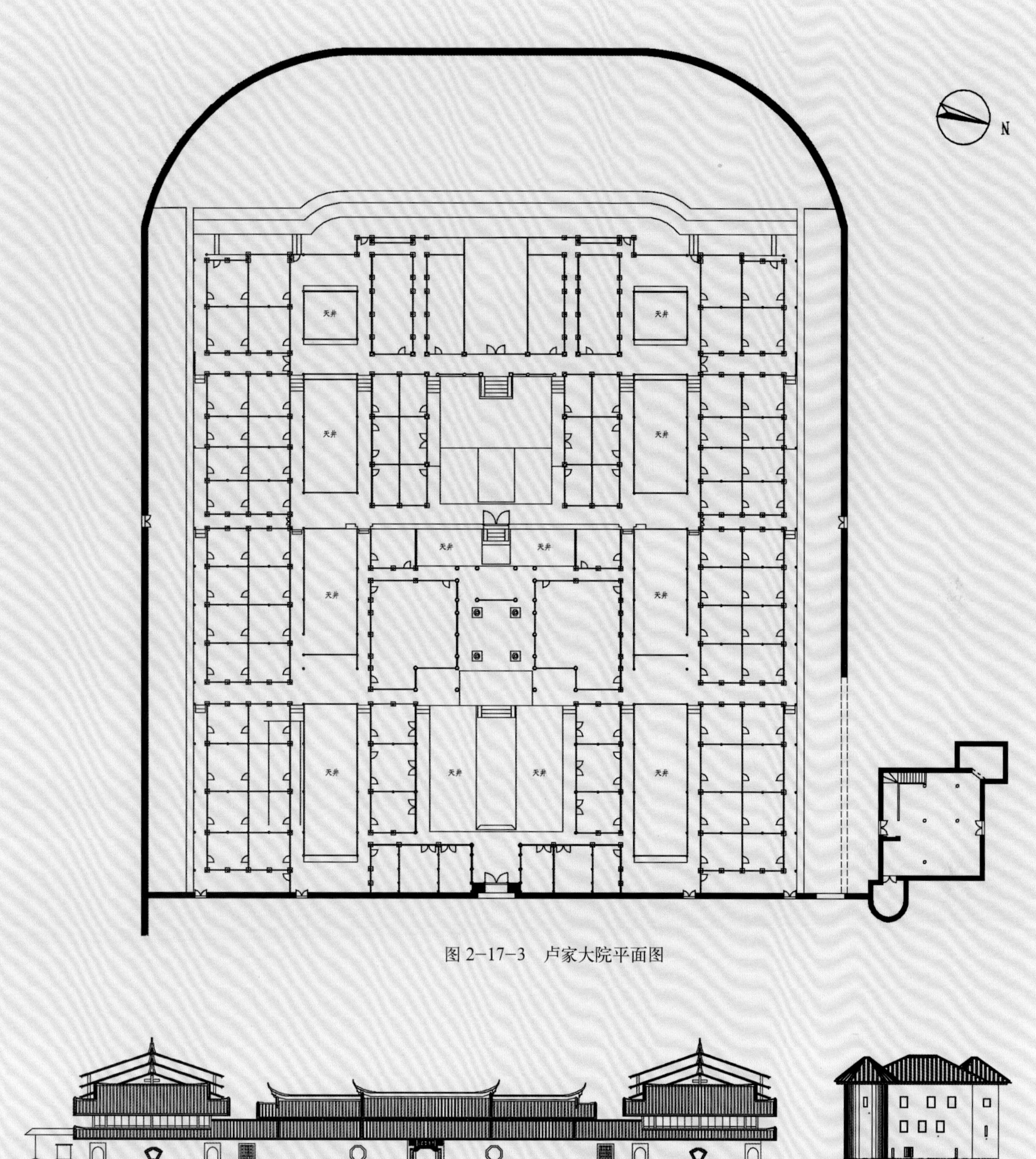

图 2–17–3　卢家大院平面图

图 2–17–4　卢家大院正立面图

图 2–17–5　卢家大院剖面图（录自《福建三明土堡群》）

图 2-17-1　带大型碉式角楼和兵营的卢家大院

图 2-17-2　卢家大院炮楼

图 2-17-6　卢家大院正面

图 2-17-7　卢家大院入口大门

图 2-17-8　卢家大院内庭院

图 2-17-9　卢家大院后进入口

图 2-17-10 卢家大院后进内院

图 2-17-11　卢家大院厅堂梁架 1

图 2-17-14　卢家大院屋面防溅墙

图 2-17-12　卢家大院厅堂梁架 2

图 2-17-15　卢家大院檐下灰塑 1

图 2-17-13　卢家大院厅堂梁架 3

图 2-17-16　卢家大院檐下灰塑 2

图 2–17–17　卢家大院侧院走廊

18 三明三元莘口松庆堡

松庆堡又称曹源堡、林氏土堡，位于三明市三元区莘口镇曹源村，建于1857年。占地面积3500平方米，建筑面积3250平方米（图2-18-1）。

松庆堡为林氏先祖所建。据《林氏族谱》记载，此堡始建于清乾隆年间（1736～1795年），清咸丰年间（1851～1861年）改扩建，光绪年间修葺过。相传曹源土堡是靠养鸭生蛋起家后积累财富所建的。当年林氏先祖日富公从曹溪（今永安曹远村）移居曹源，所养鸭母每日均生2个蛋，由此积累了不少银子。至第三世万云公时，便建起了现今土堡内的二进屋。至第四世宗绍公（万云公次子）时，人口繁衍住不下，请来地理先生看风水，说是要建起堡墙后才有好风水，故宗昭公建起堡墙，历时3年建成。

松庆堡坐落在曹源村村口坡度约25°的山坡上，坐北向南，平面基本为椭圆形，前部弧度较缓（图2-18-2）。由堡前弯曲的进堡小道、堡墙、门洞、内空坪、下堂、天井、后堂、厢房、护厝、跑马道等组成，有大小房间100余间。

该堡的堡墙高约5米，用毛石砌筑基础，墙基上用掺有碎石的红土夯筑墙体，自下而上向内倾斜收分。底部墙体厚约2.5米，高约2米。上部夯土墙厚0.5米，每隔一段设射击孔和“水槽”。墙内二层设宽1.5米的环宅跑马道，跑马道东、西两边屋架逐级对称17级向坡顶围拢，最顶部为平直的屋面。共有3个大门，正门在该堡的正面偏左，高度和宽度均为1.8米，为两重门（图2-18-3）。东面开高1.8米、宽1.35米的偏门（图2-18-4），堡后开北门。在堡的西南角将正门内凹砌筑，形成良好的防御空间，以打击攻门之敌，并特意留出空坪，为生产生活作回旋余地。

堡内建筑分成3层台地。首层台地为一个“口”字形七开间合院楼房建筑，共二进二层。一进进深一间，二进进深二间，轴线正中为前、中厅（图2-18-5）。但前厅不向前开门，而是在横向天井两侧设门厅进出。环建筑周围设宽约0.7米的水沟。二层台地原建筑已毁，近年新建了一个三合院建筑，两侧伸向首层台地。三层台地原有建筑已毁，现为果园和菜园。堡内建筑均为穿斗式木构架，悬山顶。该堡依山坡而建，两侧为阶梯形夯土围墙，上下落差约8米（图2-18-6，图2-18-7），远远望去，像一只开屏的孔雀，颇为宏伟壮观。

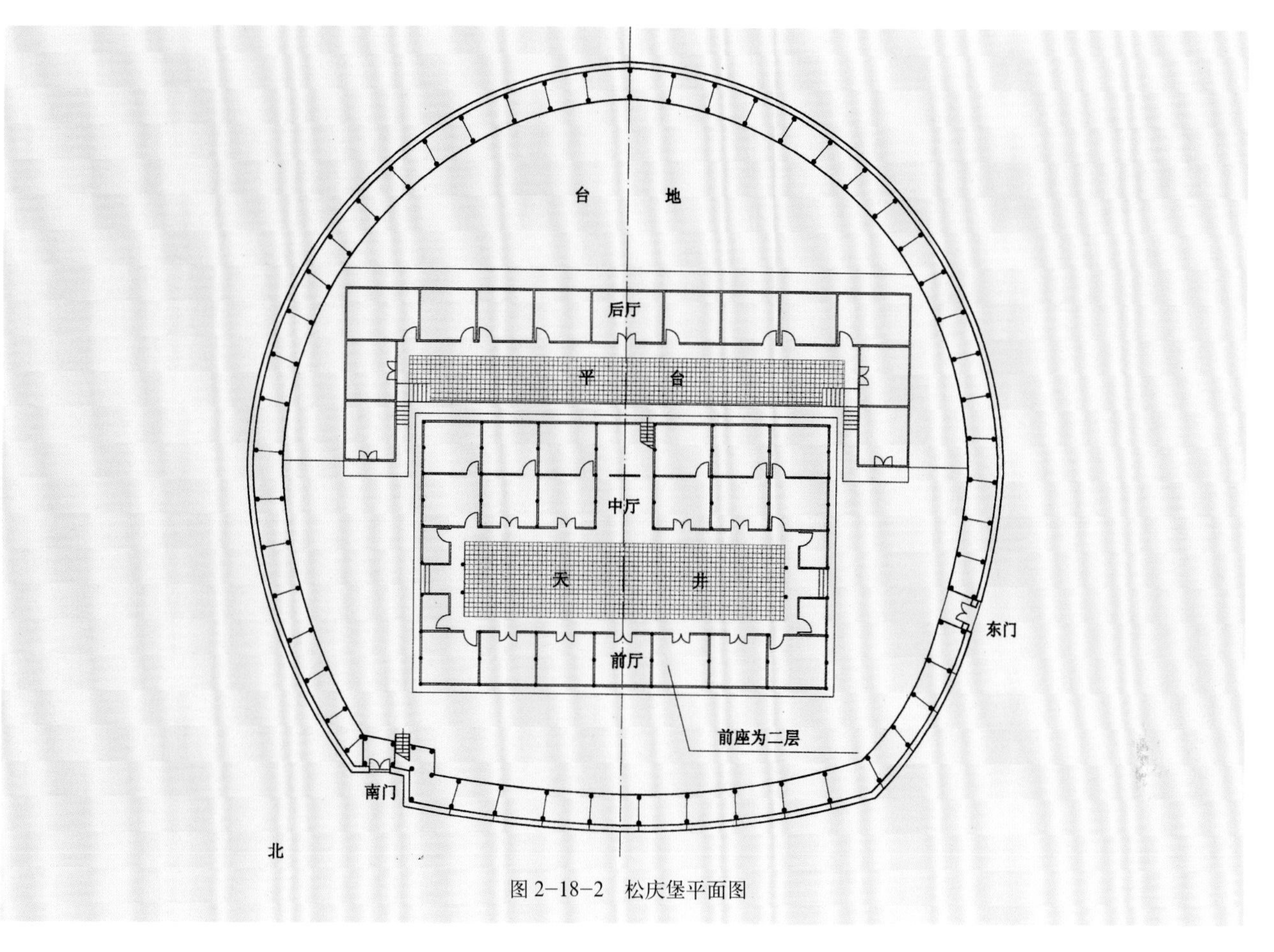

图 2-18-2 松庆堡平面图

图 2-18-1 松庆堡

图 2-18-3　松庆堡入口大门

图 2-18-4　松庆堡侧门

图 2-18-5　松庆堡内院

图 2-18-6　松庆堡侧面土围墙

图 2-18-7　松庆堡后墙

19 沙县凤岗双元堡

双元堡位于沙县凤岗街道办水美村，建于清道光晚期，同治元年（1862年）竣工。占地面积6500平方米，建筑面积5372平方米（图2-19-1、图2-19-2）。

双元堡是水美土堡群之一。水美村土堡群由双吉、双兴、双元三座堡组成，系张氏兄弟合建。双吉堡又称敬德堂，建于清道光二十七年（1847年），坐北朝南，占地面积1090平方米；双兴堡又称致美堂，建于清道光二十八年（1848年），坐南朝北，占地面积约3150平方米；双元堡又称慎修堂，在三座土堡中规模最大、保存最完好。水美土堡群布局均衡严谨，梁窗雕刻精美，保存完整，2009年福建省人民政府将其公布为第七批省级文物保护单位。

双元堡依山而建，坐西向东（图2-19-3 ~ 图2-19-5）。该堡背靠高山，左右两边的群山以半包围之势围护着堡墙和堡前坪，东面是高大的远山，近处为大片的缓坡梯状水田。梯田北高南低，田南最低处有一条小山溪由北向南流淌。堡的西南角约500米处为张氏宗祠。山下较远处为双兴堡，较近处为双吉堡，三堡“品”字形撒向山边、水田中，相互守望。

双元堡前低后高，高差12米。堡墙高7.9米，用大块的毛石砌基，石缝用三合土填抹，高4.7米，厚约3.5米。基上用黄土夯实，墙面用白灰面粉刷，高3.2米，二层墙内侧设跑马道环绕。门洞用花岗石砌置起券，门拱上方镂有防火攻的橄榄状注水圆孔（图2-19-6）。东面堡墙设正门，门洞超常规的高大，高达3米，宽1.92米，进深3.75米。为了解决风吹雨打造成土堡门楼处的墙体被侵蚀受损的问题，用青砖一丁一顺砌筑门洞上的墙体。如此高大的堡门和构筑方法在其他土堡未见到。双扇木门板用铁皮包裹并用铆钉加固，门后安有横拴，可有效地抵御外来的进攻。堡门上门额为石制，题刻“奠厥攸居　同治元年立”。南北面各设偏门，开在中堂与下堂交接处的内廊道两端。门洞高2.1米、宽1.56米、进深3.28米，有题刻石门额，南门为“磐安”，北门为“巩固”。堡的东南、西北角和堡后建有角楼，与遍布堡墙的58个射击孔构成坚固的防御体系。堡前有一个约宽20米、深11米的长方形空坪，墙外围绕一条1米多深的壕沟。

该堡按福州官办设计局提供的图纸建造，堡内建筑有福州民居的一些特点。堡内建筑平面布局前方后圆，中轴对称，为三进两横府第式建筑。一进为下堂，面阔五间，通面阔18.37米，进深5.51米，穿斗式木构架，硬山顶。二进高于一进3个台阶，正堂面阔五间，通面阔 18.32 米，进深 12.05 米，明间前厅为正厅，后部作后厅，次间、梢间前后为耳房，安复水椽，穿斗式木构架，硬山顶。三进又高于二进 3 个台阶，后楼面阔五间，通面阔 18.32 米，进深 7.5 米，为二层楼房，穿斗式木构架，硬山顶。中轴线的上、中、下堂次间处，用青灰长方砖砌筑高大的封火墙，墙高出屋面 0.7 ~ 1.5 米，墙帽做成“金”、“土”状，其形式、装饰与福州地区封火墙极为相似。封火墙外各建两排护厝，也分上、中、下三堂，外排为二层楼房。堡内厅堂居室共 99 间，并有水井，只要备足粮食，堡内居民可数月不出堡（图 2-19-7 ~图 2-19-9）。

该堡注重装饰艺术。堡内空坪、天井采用长方青砖、长方灰砖、方砖或长石铺砌，厅堂等地面更是讲究花格式样，有红方砖对角拼砌、红方砖“工”字形铺砌、小青方砖铺砌、长条灰砖“工”字拼砌等。天井地基石上的排水沟孔用石雕葫芦和钱纹装饰，一为镇邪，一为守财。天井两侧摆放大缸，用于养鱼，更是为了防火。缸后双重高低错落的石花架及架上花盆，把古堡装点得分外妖娆。厅堂、书院的木雕、石雕、壁画精致讲究。装饰特色以主厅为代表，雕梁画栋巧夺天工，石柱础雕工精细，据说石匠是从闽南请来的；门扇、花窗、门楣上精雕细刻的花鸟人物栩栩如生，让人置身其中，流连忘返。

图 2-19-1　建在山坡上的双元堡

图 2-19-2　双元堡侧面

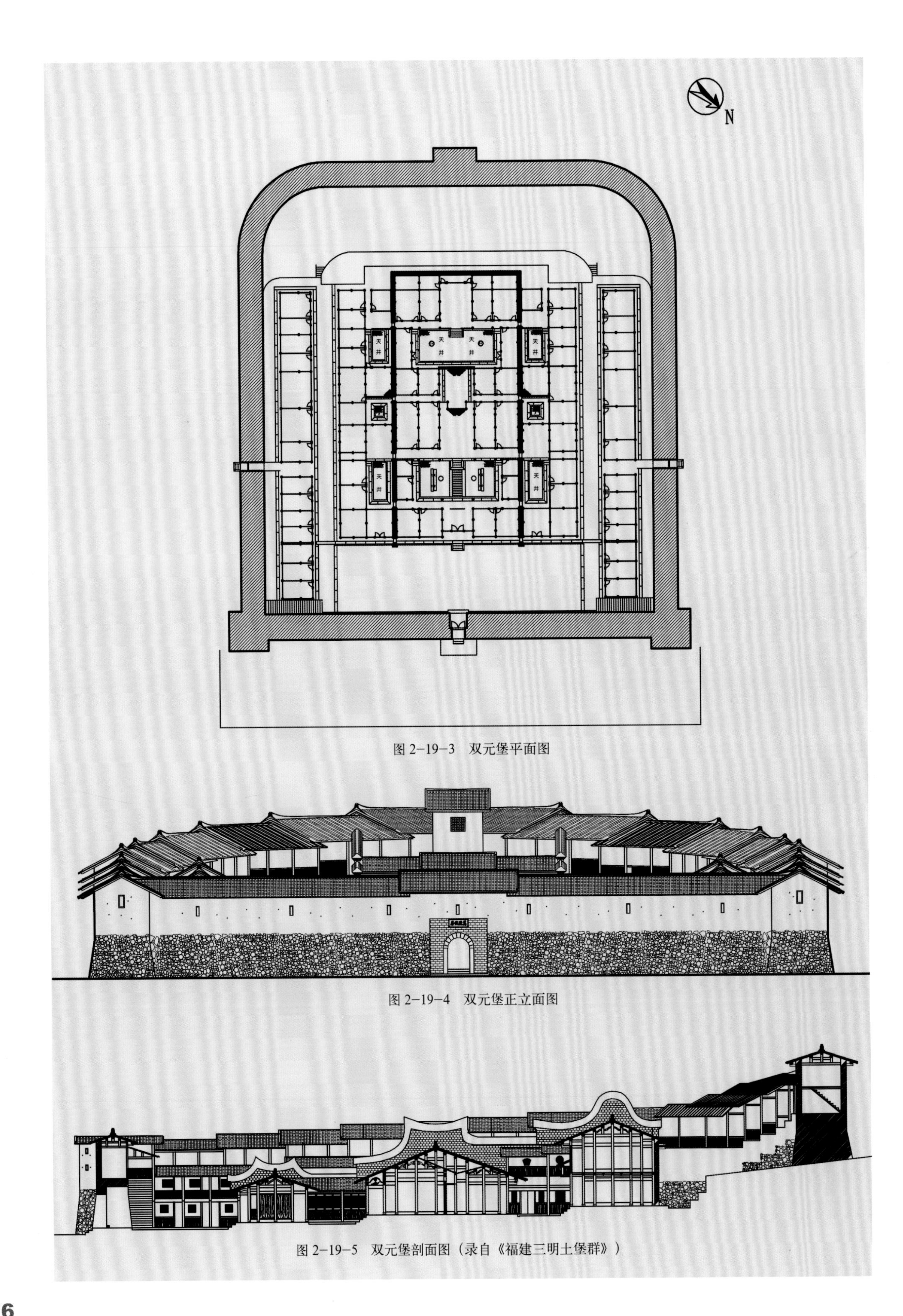

图 2-19-3　双元堡平面图

图 2-19-4　双元堡正立面图

图 2-19-5　双元堡剖面图（录自《福建三明土堡群》）

图 2-19-6 双元堡入口大门

图 2-19-7 双元堡堡内建筑一角

图 2-19-9 双元堡后部炮楼

图 2-19-8 双元堡内景

20 漳平灵地泰安堡

泰安堡位于漳平市灵地乡易坪村，由易坪村许姓十二世祖许国榜建于清乾隆三十三年（1768 年），乾隆四十五年（1780 年）建成，工程历时 13 年。占地面积约 2000 平方米，建筑面积约 2600 米（图 2-20-1）。

泰安堡依山而建，背倚苍翠葱郁的风景林，轮廓分明的悬山式屋顶层层叠叠，错落有致，雄伟壮观。坐北向南，面阔、进深均为37.3米，平面呈前方后圆状。堡墙高 13 米，墙基厚 3.5 米，用块石砌至 3 米高，以上用生土版筑。二层设宽大的跑马道，两侧廊道摆放红漆柜式谷仓。堡墙上设 34 个哨窗和 60 多个射击孔。南墙中部设堡门，用砂岩条石垒砌并起券，高 2.3 米，厚 3.5 米。设三重双开木门，拱顶凿有 3 个角度不同的泄水孔，用来防范火攻。堡门门额灰塑，墨书"泰安堡"三个遒劲有力的大字。门洞内门额彩绘，书有对联"处世须知怀若谷，为人当学志成城"，横批为"壮丽奇观"。大门内有左右两条台阶，可通往跑马道。该堡原来还带有前坪及门楼，可惜已经破损（图 2-20-2 ~图 2-20-5）。

堡内建三进楼房和左右护厝，沿中轴线对称布局，依地势逐层升高。中厅和前厅均为单层，厅堂较为高大宽敞，风格古朴大气。下堂面阔五间，进深五柱，为穿斗式结构悬山顶。前后设檐廊，檐廊两端的厢房作书斋。上堂为祖堂，面阔五间，进深七柱。该堂建筑规格高，明间宽大深长，为抬梁穿斗混合式结构，并带垂莲柱，显得豪华大气。中后部设太师壁，太师壁后设内围墙，开双开大门。后楼二层，面阔十一间，进深五柱，为穿斗式结构悬山顶。上、下层的明间均设厅，是商议大事的主要场所，其余为书斋、粮仓和住房。大小共有 51 间房、2 个厅堂，最后一进的天井有左右对称两口水井。东、西两侧各筑有前、中、后三进的护厝，一层为厢房，二层为台阶式通廊。主体建筑在后院，为木构三层建筑，楼高 13 米，面阔十一间，进深一间。二层设内圈走廊，将东西两边分隔，形成由四个开间组成一个单元。在三层的房间后面是一条宽 1.5 米的室内环形通廊，与二层东西两边的回廊贯穿组成一个完整的统一体，可绕堡一周畅通无阻（图 2-20-6 ~图 2-20-8）。

该堡的装饰较有特点。土堡的阶梯、天井周边及台基边缘处于屋檐滴水下方，均用石条铺就。堡内的地板均为三合土，至今仍坚固平坦。灰塑彩画工艺精细，用色淡雅。檐口、斗栱、梁枋、垂花、雀替、隔扇、窗棂等雕刻精巧，工艺精湛（图 2-20-9 ~图 2-20-16）。

泰安堡是一座颇具特色的围廊式民居寨堡，2005 年福建省人民政府将其公布为第六批省级文物保护单位。

图 2-20-1　漳平泰安堡全景

图 2-20-2　泰安堡入口门楼

图 2-20-3　泰安堡入口大门

图 2-20-4　入口大门内视

图 2-20-5　入口走马廊上看中间大厅

图 2-20-6　中间大厅内景

图 2-20-7　泰安堡走马廊

图 2-20-8　泰安堡上跑马道阶梯式楼梯

图 2-20-9　大厅屏风装饰

图 2-20-10　堡内古井

图 2-20-11　堡内后楼一角

图 2-20-12　堡内前走马廊看中间庭院

图 2-20-13　侧楼与中央厅堂的关系

图 2-20-15　堡内后天井

图 2-20-14　厅堂的梁架

图 2-20-16　堡内前楼堡墙上彩绘

21 德化三班大兴堡

大兴堡位于德化县三班镇三班村，建于清康熙六十一年（1722 年）。占地面积 3648 平方米，建筑面积 2600 平方米（图 2-21-1）。

大兴堡由当地富人郑晟建造，后人因此称他为“大兴公”。德化地处戴云山，山高林密，历来匪患不断，筑寨建堡之习由来已久。此地原有清初建的土堡数十座，经过 280 多年的沧桑巨变，现在只有大兴堡保存完好。

该堡坐南向北，平面呈长方形，东西长 64.5 米，南北宽 56.96 米，为合院式与围廊式结合的布局（图 2-21-2 ~图 2-21-4）。堡墙高 10.2 米、厚 3.6 米，下部用石块砌筑，上部为夯土构筑。设东、西两个大门，东门为正门。堡门高 3 米、厚 2 米，用花岗石垒砌并起券，石块之间嵌接非常严密，薄刃难入。堡门上石门额阴刻楷书“大兴堡”及“康熙壬寅年端月吉旦立”。两座堡门均设内、外二道厚 0.12 米的木质门，外包铁皮（图 2-21-5 ~图 2-21-7）。堡墙四周设有 40 余个铳眼，用于对外观察、射击及通风采光。门内设有一条曲尺形石台阶，可通向二层的跑马道。跑马道较宽，梁架与主楼的梁架同一整体。堡内东北、西南处各设方形角楼，与墙面呈 45° 角相接。

堡内建筑古朴大气，布局中轴对称。内院中心南北对称建“一”字形的二层楼房，两楼之间形成东西向的干道，但干道轴线与大门错开，以利于防卫。干道横贯东西门，长 39.17 米，宽 5.25 米，由此形成 206 平方米的宽敞天井（图 2-21-8）。天井地面由鹅卵石砌成，并且根据道教教义组成各种图案。两幢楼房大体对称，北楼为尊，比南楼略高些（图 2-21-9，图 2-21-10）。每层面阔十至十五间，进深二间，带楼道间，穿斗式木构架，悬山顶。明间设祖厅和议事厅。楼房前后设内廊道，外廊道与跑马道上屋架的穿枋直透土墙内，不用柱子支撑（图 2-21-11）。所有的山花上都用瓦片封贴，并用石灰抹缝，将木结构遮盖住。山花下、檐口二层楼板下多加大雨披（图 2-21-12）。楼后为粮仓，一层为牛栏和猪栏、柴草间、杂物及农具房等。堡内共有房间 240 间。

大兴堡是泉州地区罕见的大型方形土堡，1985 年被列为县级文物保护单位。

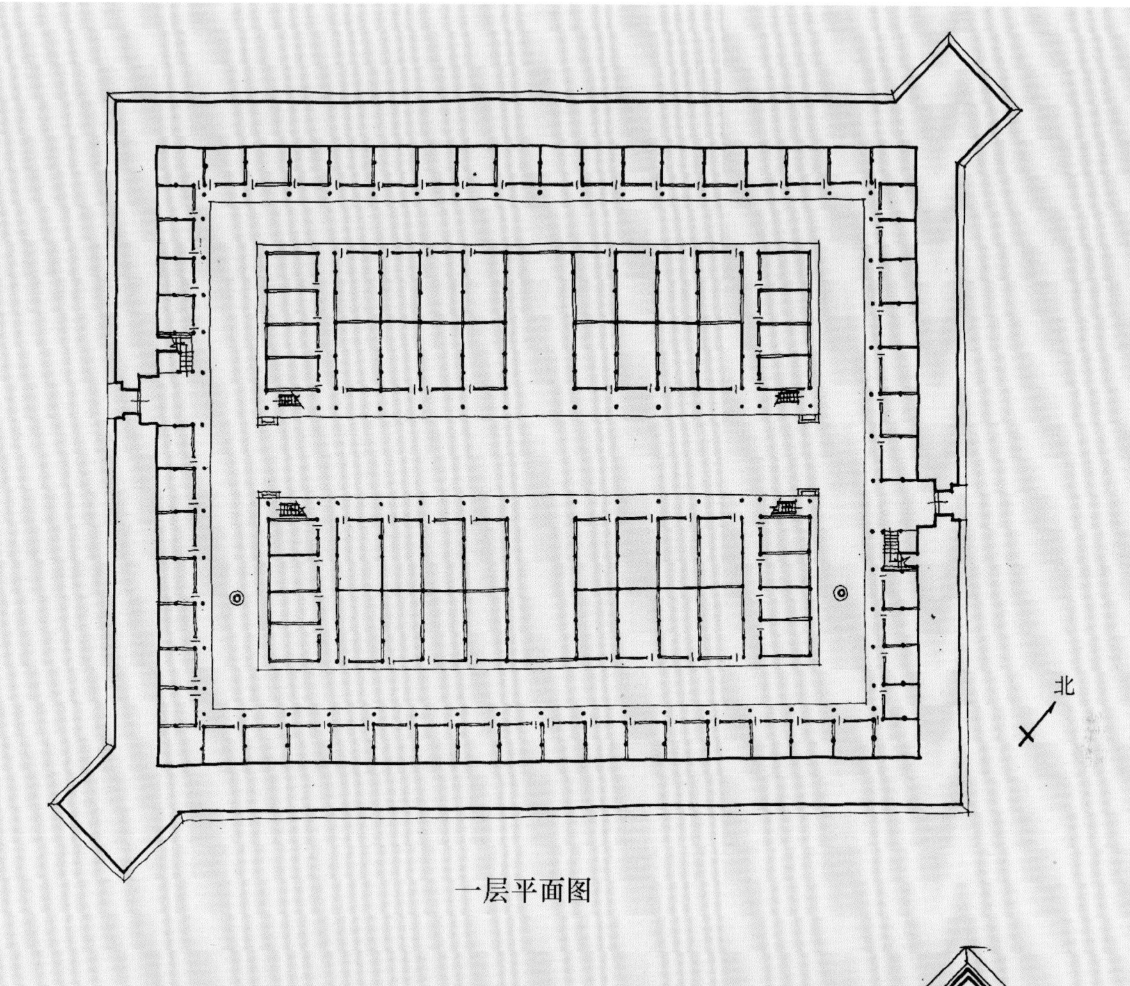

一层平面图

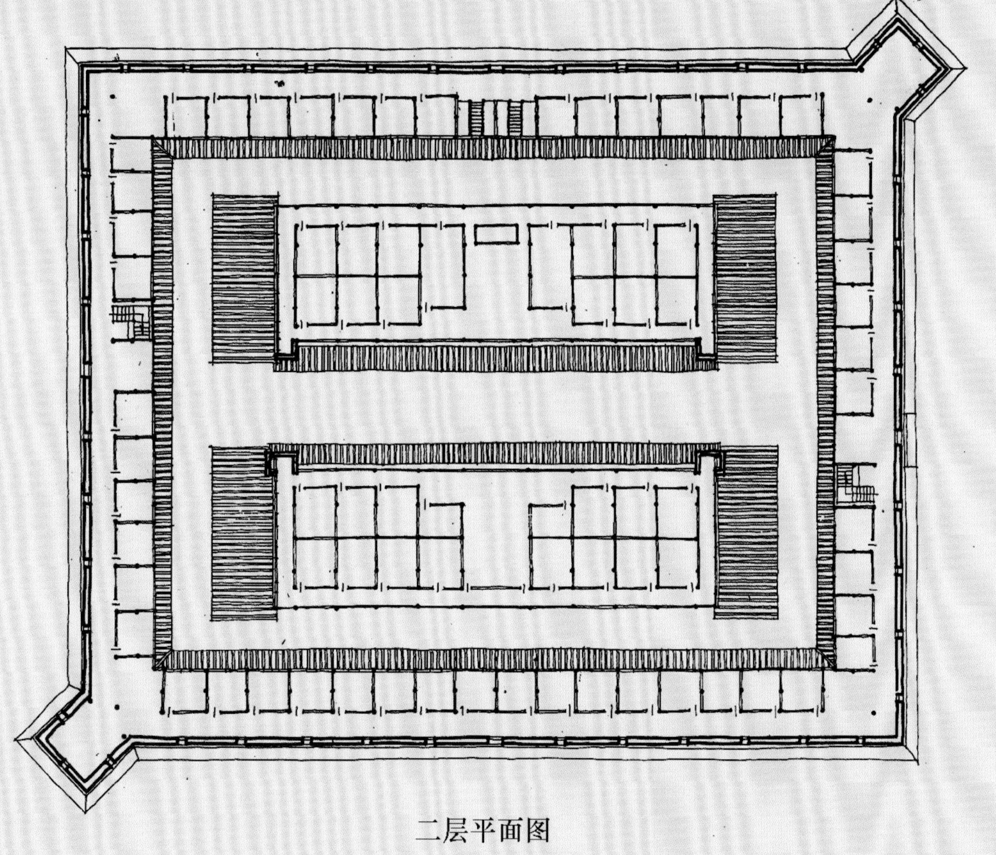

二层平面图

图 2-21-2 大兴堡平面图

图 2-21-1　德化大兴堡

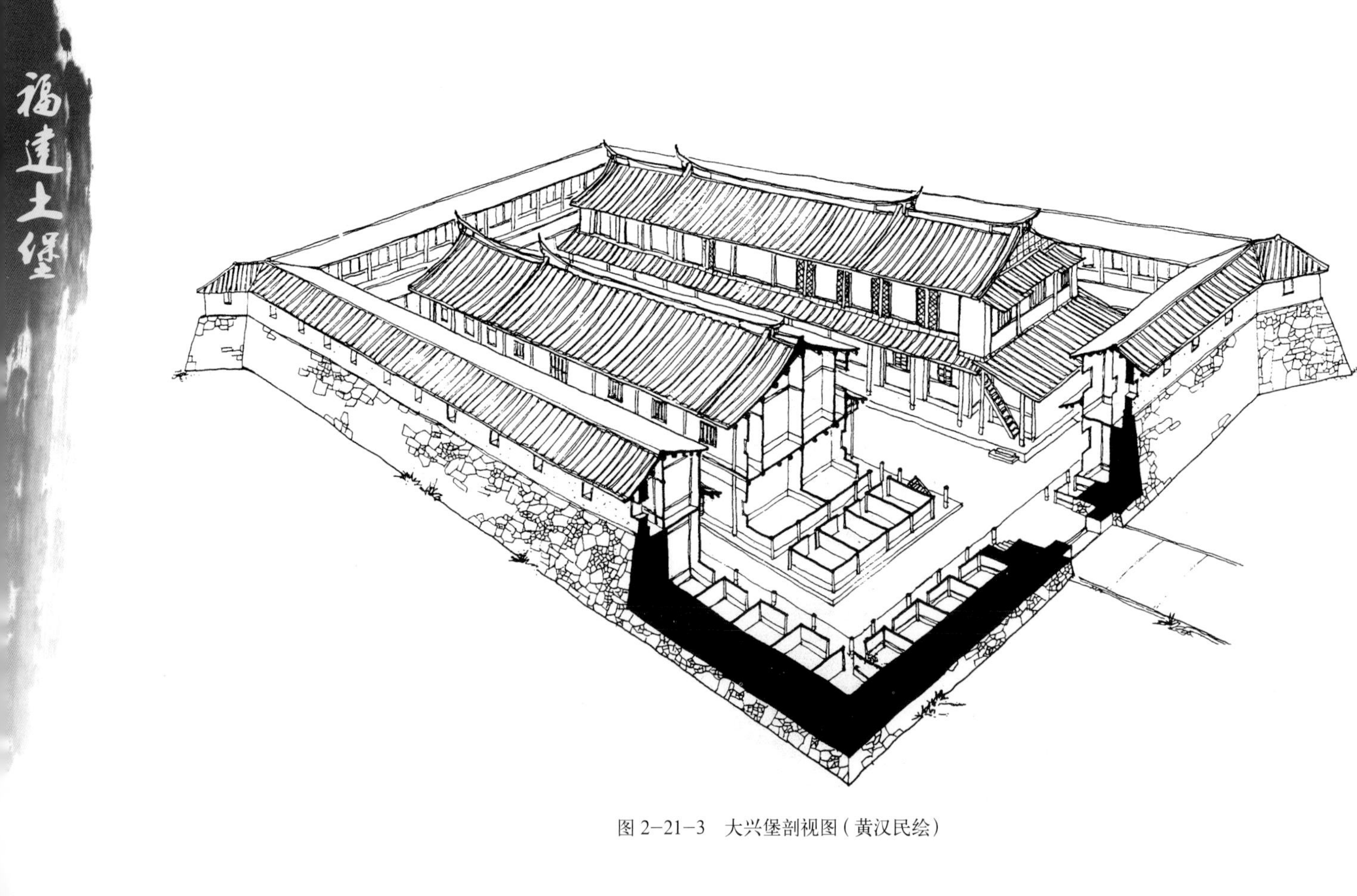

图 2-21-3　大兴堡剖视图（黄汉民绘）

图 2-21-4　侧看大兴堡

图 2-21-5　堡门门额

图 2-21-7　大兴堡后门

图 2-21-6　大兴堡入口大门

图 2-21-8　堡内中央街道

图 2-21-9　堡内北楼

图 2-21-10　堡内南楼

图 2-21-12　二层厅堂

图 2-21-11　走马廊

22 永春五里街巽来庄

巽来庄位于永春县五里街镇仰贤村，为清乾隆四十二年(1777年)林悠风所建。占地面积3100平方米，建筑面积2892平方米(图2-22-1)。

仰贤村的居民大多数姓林，属于永春县蓬壶镇美山村林姓的一个分支，以居住地叫“山美”称为“山美林”，因此巽来庄又名“山美土楼”。巽来庄的主人林悠风是清朝的盐官，俗称土楼公。相传土楼公的祖父从蓬壶迁居仰贤村时建了两座房子，风水先生说要想发家出人才，就必须在“巽”位建造一座大房子，这个“巽”位就在两座房子之间，可是他已经没有能力再建房子了。林悠风当上盐官，又兼卖布，赚了不少钱，就决定实现祖父的遗愿。土楼公舍得投资，而且对待工匠特别厚道，工匠也就很肯卖力气，因此房子建得特别坚固。巽来庄从开工到完工，用了将近3年时间，整座土堡气势恢宏，成为永春的一大景观。

巽来庄依小山坡而建，坐北向南，平面呈“回”字形。外围为二层歇山顶楼房，外围墙通高9.5米，下部墙体用花岗石和鹅卵石砌成，厚2.54米，上部墙体用黏土夯筑，厚0.8米，黏土中掺有石竹枝桠，以增加土墙的坚固性(图2-22-2)。左、右边墙各开13个窗户，每个窗户下方都设有枪眼。二层楼内为木构架，用木板做隔墙，铺着杉木楼板。楼内设有回廊，可通往各个房间和角落。南、东、西面设石拱门。南门为正门，大门上方石匾额上刻“巽来庄”三字和乾隆丁酉年款(图2-22-3，图2-22-4)。东门上嵌有“挹翠”石匾额，西门上嵌有“迎春”石匾额(图2-22-5)。

楼中建有典型的闽南硬山顶、四合院式民居，由红砖隔墙、门楼、石铺天井、两边厢房、正厅和后院等组成，共有房子96间(图2-22-6～图2-22-11)。迎面是一堵镂空的红砖隔墙，东、西两边分别又有一堵红砖隔墙与之相垂直。红砖隔墙叫“六雀墙”，墙上饰有图案，既起着屏风的作用，又是一道亮丽的装饰墙，如今已是闽南不可多得的古迹。正厅单檐歇山顶，抬梁、穿斗式混合构架。廊柱近似梭形，配以精雕细刻的辉绿岩鼓形柱础，梁枋上饰有精美的人物故事、花鸟走兽等木雕(图2-22-12～图2-22-15)。庄内保存有3口古井和马厩、厕池等设施。

巽来庄融合了闽中与闽南的建筑风格，2005年福建省人民政府将其公布为第六批省级文物保护单位。

图 2-22-1　永春巽来庄

图 2-22-2　巽来庄侧看

图 2–22–3　入口大门

图 2–22–4　巽来庄入口门额

图 2–22–5　侧大门

图 2–22–6　中间大厅

图 2-22-7　楼内二进门楼

图 2-22-8　后院一角

图 2-22-10　后墙

图 2-22-11　楼内走廊

图 2–22–9　侧庭院

图 2-22-12 大厅梁架 1

图 2-22-13 大厅梁架 2

图 2-22-14 转角石砌

图 2-22-15 大厅鼓状柱础

23 闽清坂东岐庐

岐庐又名品亨寨，位于闽清县坂东镇仁溪村，由清道光进士、清同治年间江西九江知府张鸣岐（1808—1873）出资，其子张品亨兴建。咸丰三年（1853年）动工，咸丰八年（1858年）完工，同治年间（1862～1874年）加固扩建。占地面积4448.6平方米（图2-23-1）。

岐庐是闽清保存最为完整的土堡。《闽清县志》载："全县现有寨堡112座。寨堡的建筑是在住宅四周累石为基，上筑厚厚的生土墙，或者在双重墙中留有通道，称为走马弄，以便于作战时人们的集中、遣散和抵抗入侵者。"张鸣岐官至江西九江知府，曾经历太平天国战争，懂军事，擅防守。岐庐系仿战地防御工事而建，建成后曾遭土匪先后20多次攻打，均被击退，可见其修筑得何等坚固。

岐庐坐东南向西北，平面呈方形，宽75.4米，深59米，由大门、庭院、两侧厢房、正厅、后廊屋组成，周边围以堡墙（图2-23-2、图2-23-3）。墙基用大鹅卵石砌筑，高5.5米，厚3.6米。基上夯筑2米高的土墙，夯土墙为里外两重，每重厚0.7米，中设走马弄。前面以及左、右两侧共有三个堡门，用青石砌券顶门洞，外大内小呈漏斗形。每门均装上三重厚0.1米、重200余斤的硬木厚门板，外门宽2.65米，中门宽1.91米，里门宽1.7米。正门上方饰灰塑麒麟，墨书"岐庐"（图2-23-4、图2-23-5）。内墙檐下有灰塑彩画装饰。

堡内建筑面阔九间，进深七柱，为穿斗式木构架，双坡顶，燕尾正脊，并筑曲线优美的封火墙。正厅宽7.2米，一、二、三官房宽均3.9米。左、右各3间书院，回照8间，后厨房8间，火墙弄宽2米，用作通道（图2-23-6～图2-23-11）。堡内有水井一口，还备有粮食加工工具。厝内雕梁画栋，门窗户扇等处木雕细致，人物花鸟栩栩如生。正厅左、右官房两边书院木屏风上刻有三国演义、水浒传等故事人物60幅，每一幅叙述一个故事，雕刻的图案神态逼真，呼之欲出（图2-23-12～图2-23-19）。

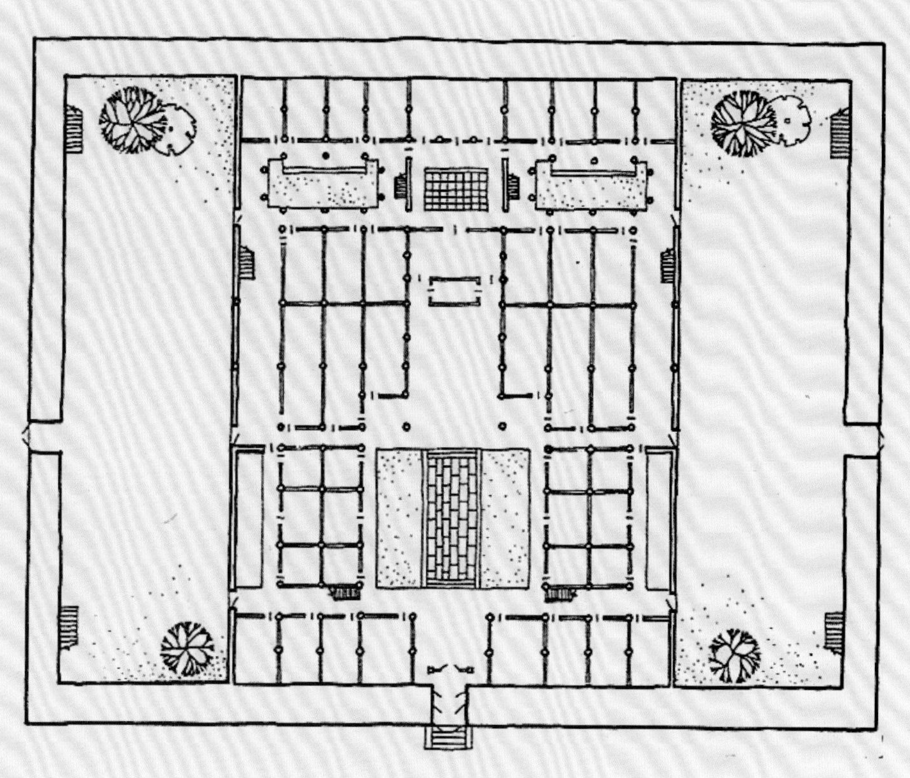

图 2–23–2　岐庐平面图

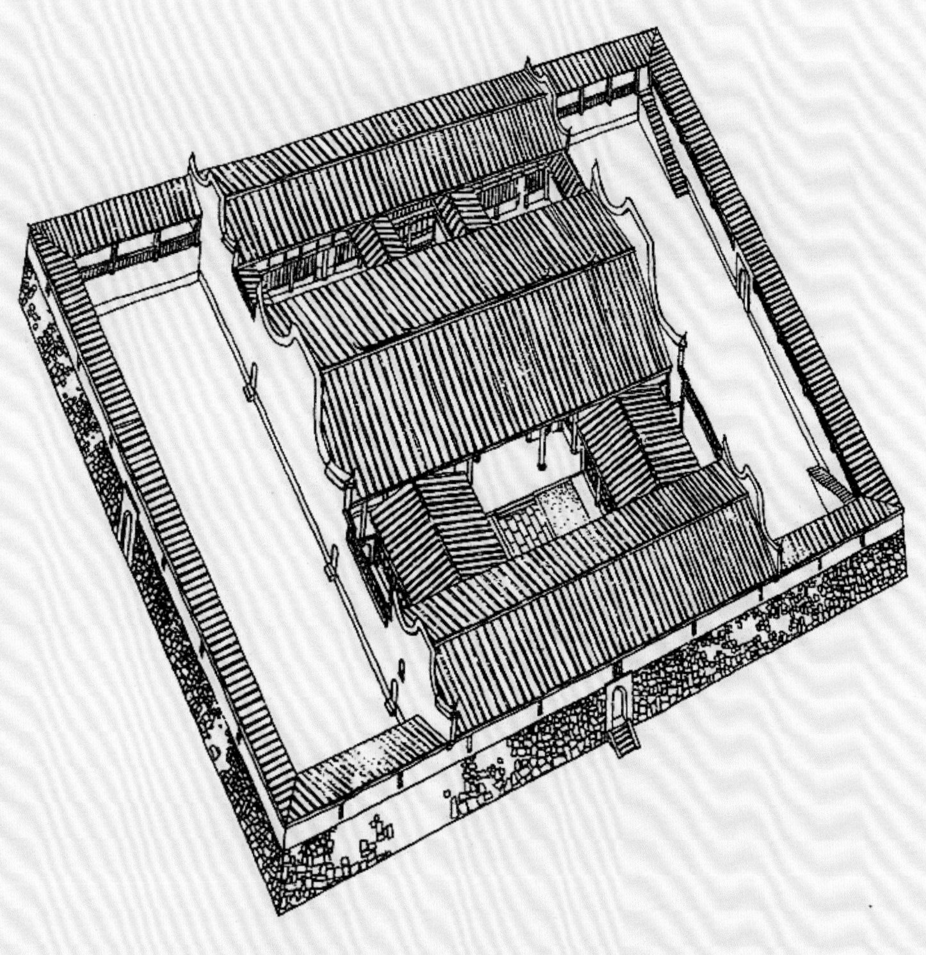

图 2–23–3　岐庐鸟瞰图（黄汉民绘）

图 2–23–1　闽清岐庐

图 2–23–4　岐庐入口

图 2–23–5　侧门

图 2-23-6　中间大厅

图 2-23-10　大厅侧面

图 2-23-8　大厅梁架

图 2-23-9　大厅梁架斗拱

图 2-23-7　大厅内景

图 2-23-11　大厅一角

图 2-23-12　原主人曾担任过的官衔被后人写在入口门板上

图 2–23–13　福州民居特有的曲线封火山墙

图 2–23–14　曲线山墙

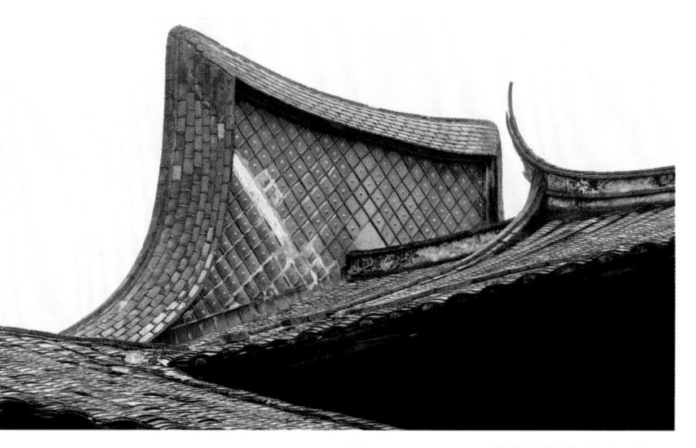

图 2–23–15　山墙上的灰色壁瓦

图 2-23-16 后院侧厅院

图 2-23-17 后庭院

图 2-23-18 后庭院建筑装饰细部

图 2-23-19 后庭院侧墙

24 永泰同安青石寨

青石寨位于永泰县同安镇三捷村，明末始建，清道光年间（1821 ~ 1850 年）重修。占地面积 3000 多平方米，是张氏家族聚居的大宅（图 2-24-1）。

青石寨坐落在永同公路边，背靠郁郁葱葱的山峦，寨前有大片农田，一条清亮的小溪潺潺流过（图 2-24-2）。寨内大厅的楹联“龙门玉带水，鸡寨锦屏山”，便是对青石寨周围环境的生动描写。

青石寨坐西北向东南，平面呈横向长方形，中轴线对称布局。寨墙下半部用辉绿岩石垒砌，上半部为厚实的夯土墙。墙高 4.6 米，墙基厚 2 米，顶墙厚 0.6 米。墙上开有一排外小内大的窗户，用于观察、射击。围墙正中设大门，左、右设边门。门框用青石砌筑，坚实牢固。大门有两重门板，厚重结实。寨墙顶部设有跑马道，四个转角均有碉楼，寨内有两口水井，具有很好的防火、防盗、防匪功能。寨内建筑并列三大院落，由前院、天井、书院、正座、后院、左右护厝等组成，有房屋 80 多间。入门为前院廊屋，正座二进，前堂面阔五开间，进深三间。后院后堂面阔三间，进深二间。左、右两边护厝为三开间二层楼房，均面向主座，主从有序。主座与护厝之间有高耸的封火墙相隔，封火墙为马鞍形，起伏跌宕。封火墙两面贴有灰色的壁瓦，如巨龙身上的鳞甲，既美观又防雨（图 2-24-3 ~ 图 2-24-8）。

该堡建筑工艺精湛，用材考究。内部建筑为穿斗式木构架，厅堂宽敞，天井开阔，悬山式屋顶错落有致。廊道、台阶、天井用精心凿制的长条青石板铺砌，显得整齐美观。天井下方为前后相通的宽而深的排水沟，下水道出水口用青石打造成葫芦形。厅堂青石柱础上刻有精美的花鸟图案，护厝的翘檐下面饰以传神的泥塑力士，梁架、门扇、窗户上精雕细刻人物、故事、花鸟等各种图案，古朴典雅，极具韵味（图 2-24-9 ~ 图 2-24-18）。

青石寨规模较大，建筑技术精湛，2009 年福建省人民政府将其公布为第七批省级文物保护单位。

图 2-24-1　永泰青石寨

图 2-24-2　青石寨正面

图 2-24-3　二进厅堂

图 2-24-4　三进主厅堂

图 2-24-5 四进厅堂

图 2-24-6 三进厅堂侧面

图 2-24-7　厅堂梁架 1

图 2-24-8　厅堂梁架 2

图 2-24-9　后院一角

图 2-24-10　门簪大样

图 2-24-11　内分隔墙上的瓦钉墙体

图 2-24-13　屋面防溅墙

图 2-24-14 侧院

图 2-24-12 屋面防溅墙正面装饰

图 2-24-15 内通廊

图 2-24-16　中间厅堂山墙处理

图 2-24-17　侧庭院

图 2-24-18　侧立面

25 福清一都东关寨

东关寨也称新寨，位于福清市一都镇东山村，是清乾隆元年（1736 年）何氏家族为防止盗匪侵害而筹资兴建的。占地面积约 4180 平方米（图 2-25-1）。

东关寨依山势而筑，层层递升，气势雄伟。寨墙基座和墙体下半部用块状岩石砌筑而成，高达 10 余米，既坚固又雄伟（图 2-25-2、图 2-25-3）。石墙之上再筑土墙，沿内墙辟跑马道，宽 2 米多，可跑马巡逻，环寨一周共有 260 多米长。寨墙开外窄内宽的小窗，供瞭望射击用，并设有枪眼 62 个，还有若干炮口。设 3 处寨门，寨门为石框木板门，板门用重阳木制成，石框门顶有注水孔，以防火攻。

东关寨坐东南朝西北，平面呈长方形，宽 55 米，长 76 米，中轴线对称三进式布局，由门楼厅、正厅、后楼院等组成，两旁别院各居左右，两层共 99 间房（图 2-25-4、图 2-25-5）。寨左凿池塘，右辟花园。寨前为宽大的院子，平整而有气势，地面用做工精细的花岗石条石铺就，周围筑矮墙，左、右墙均设小门供出入。埕中设石台阶，自南向北拾阶而上 15 级，折向东 5 级就进入寨门（图 2-25-6）。寨门内是第一进两层楼房，背倚寨墙，面对厅堂，楼上、楼下均为五开间，穿斗式木构架，悬山顶。二进厅堂前有左右披榭、回廊，除了长辈住房外，还是全东关寨举办婚丧庆典的场所和全寨集中活动的中心。正厅面阔五间，进深七柱，左右面阔五间，进深为一间。堂前游廊两端设门通左、右别院和南、北寨门，堂后有高墙阻断第三进后楼院。后楼院为两层楼房，独成院落，坐东向西，结构与前大门楼相同。中、左、右三部分之间有土筑风火墙。寨内房屋分为若干小单元，并用防火墙和火道隔离，各进之间还隔以高墙，目的是避免东关寨毁于火患（图 2-25-7 ~图 2-25-10）。如果外人进入寨内，在没有人带领的情况下，宛若进入迷宫。寨内有跑马道，家家户户相连，居民可在里面奔跑巡逻，共同抵御外敌，具有军事防御作用。寨内有水井 1 口。

东关寨是集军事防御和民居于一体的城堡式建筑，2001 年福建省人民政府将其公布为第五批省级文物保护单位。

图 2–25–1　福清东关寨

图 2–25–2　侧看东关寨

图 2-25-3　后山看东关寨

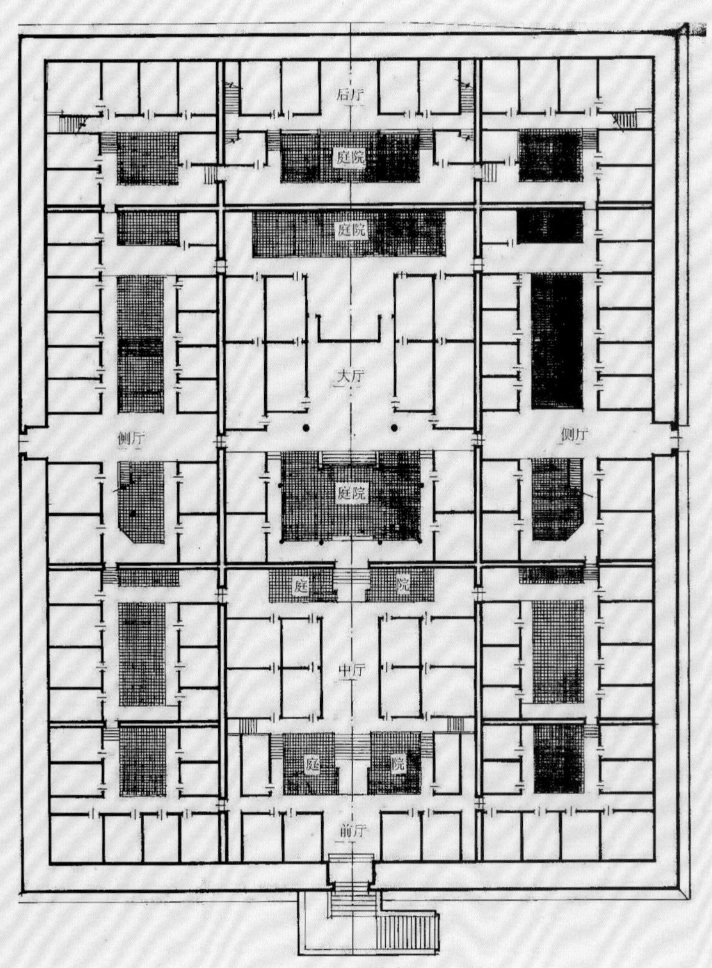

图 2-25-4　东关寨一层平面

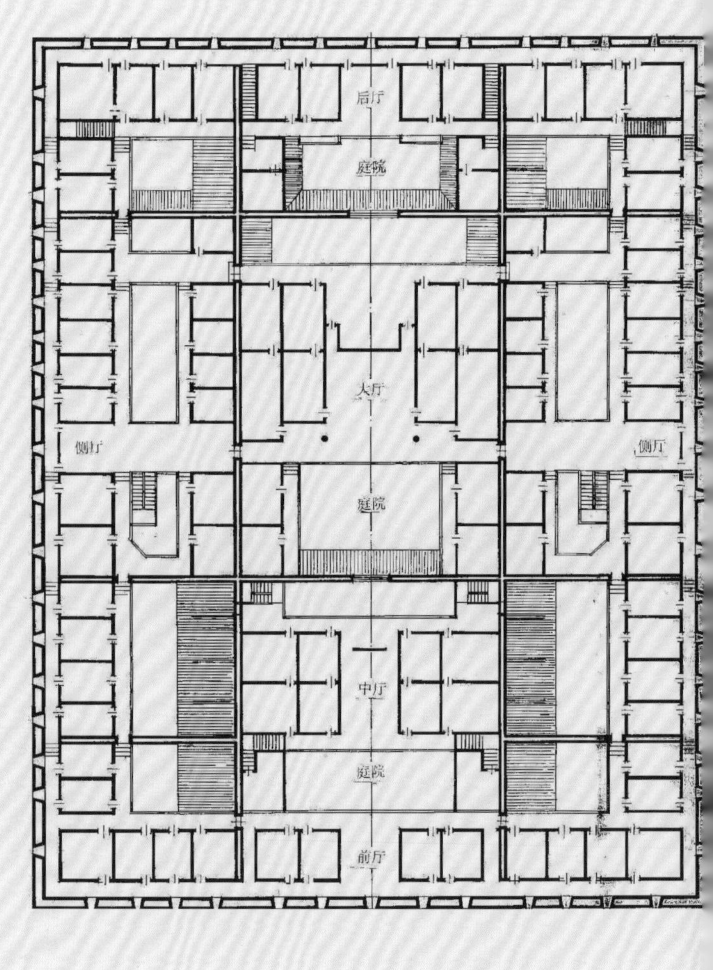

图 2-25-5　东关寨二层平面

图 2-25-6　入口大门与台阶

图 2-25-8　寨内屋面山墙处理

图 2-25-9　寨内一景

图 2-25-7　寨内走廊

图 2-25-10　寨外墙面

26 尤溪公馆峡民居

公馆峡民居也称卢公馆，位于尤溪县新阳镇双鲤村，建于民国 11 年（1922 年）。占地面积 3150 平方米，建筑面积 2194 平方米（图 2-26-1）。

公馆峡民居系卢兴邦私宅。卢兴邦（1880—1945），原名文梁，字正栋，号光国，生于尤溪县六都朱源里农家。民国元年（1912 年），卢兴邦参加苏益武装团伙，后自己成立武装组织，横行尤溪山区。民国 7 年（1918 年）春，卢兴邦部被广东护法军政府收编。民国 15 年（1926 年），国民革命军北伐入闽，卢部与北伐军攻克沙县、南平、古田、建瓯、邵武等闽北重镇后，受编为国民革命军新编第一独立师，卢兴邦任师长，兼任闽北各属绥靖委员。卢兴邦统辖闽北闽中山区多年，是当地的土皇帝。民国 22 年（1933 年）11 月，抗日将领蔡廷锴、蒋光鼐等人在福州成立中华共和国人民革命政府，卢兴邦被任为十九路军第十五军军长。不久，蒋介石将卢部改编为国民革命军陆军第五十二师，委卢兴邦的堂弟卢兴荣为师长，改任卢兴邦为军事委员会蒋委员长驻南昌行辕参议。卢兴邦就此回尤溪老家，民国 34 年（1945 年）9 月 17 日病卒于双鲤村住宅。

公馆峡民居距尤溪城关 15 公里，四周群山环抱，小河流水潺潺。传说卢兴邦为绿林时路过此地，听说这里风水好，后山像五头牛，面前溪河上两块巨石像两条鲤鱼，寓“鲤鱼跳龙门”之意，就决定在此建造住宅。他聘请各地名匠，耗巨资大兴土木。卢公馆落成后，又在其东面建武器房、军营、办公楼、小学、桥梁、楼阁等配套建筑。现在除卢公馆、文昌阁、见龙桥保存较好外，其余建筑已在“文革”期间被拆除。

该建筑坐北朝南，平面呈长方形，中轴对称布局。依次有空坪、门厅、下堂、中堂、后堂，左右各有二幢厢房，共有房间 108 间（图 2-26-2 ~ 图 2-26-5）。四周筑高围墙，为夯石墙基，夯土墙体，并建有碉式角楼。现西侧围墙和角楼已毁，东侧角楼仍保留。西北角原有一座三层炮楼，“文革”时被毁。南面围墙正中开一大门，青石门框，安有铁皮大门。门上匾额金字行书“金瓯世荫”四个大字，左右对联为“金龙形结五牛相，玉带飘扬双鲤朝”（图 2-26-6、图 2-26-7）。主体建筑为土木砖石结构，面阔五间，进深七柱，主厅抬梁式，侧屋穿斗式，单檐悬山顶。正立面的两旁各建有一座对称的“姐妹楼”，为三层歇山顶建筑，高出中间主体建筑，颇具气派（图 2-26-8、图 2-26-9）。姐妹楼也称“小姐楼”，为卢家小

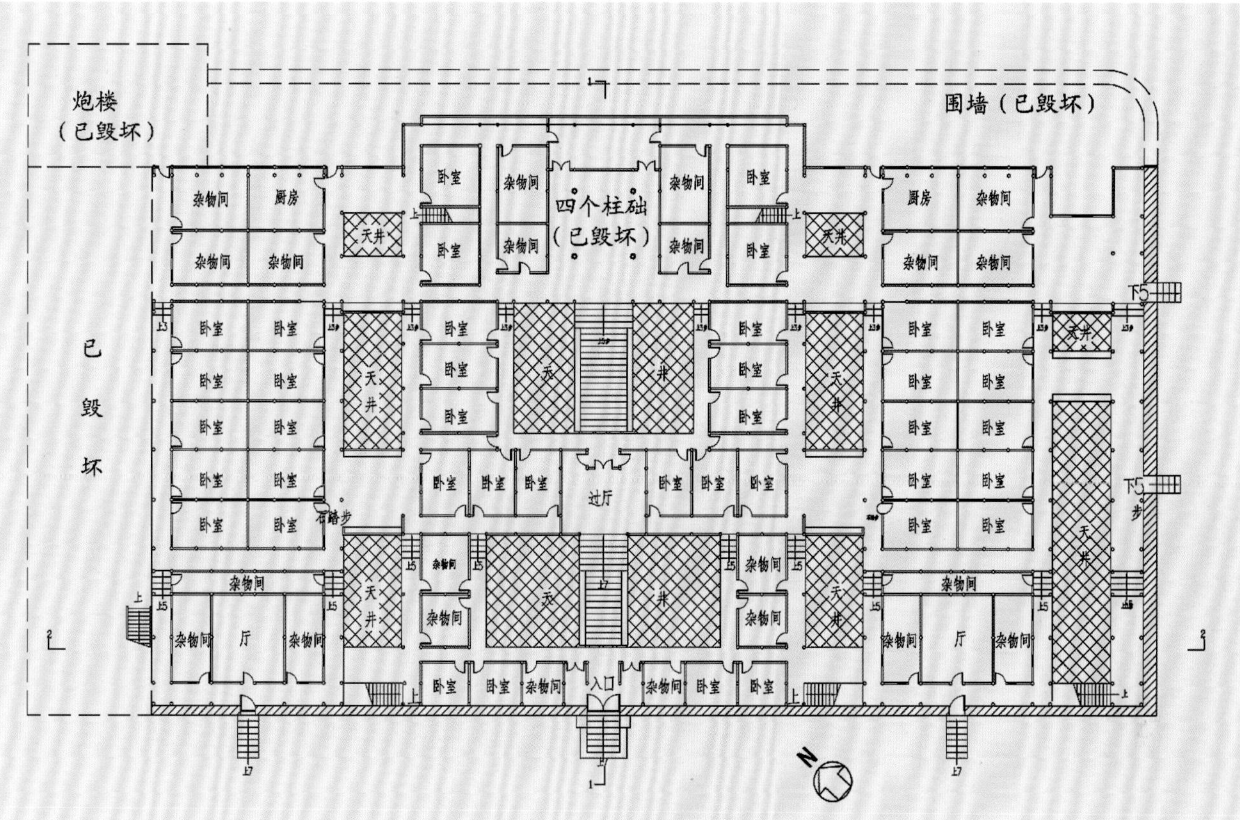

图 2-26-2　公馆峡民居平面图

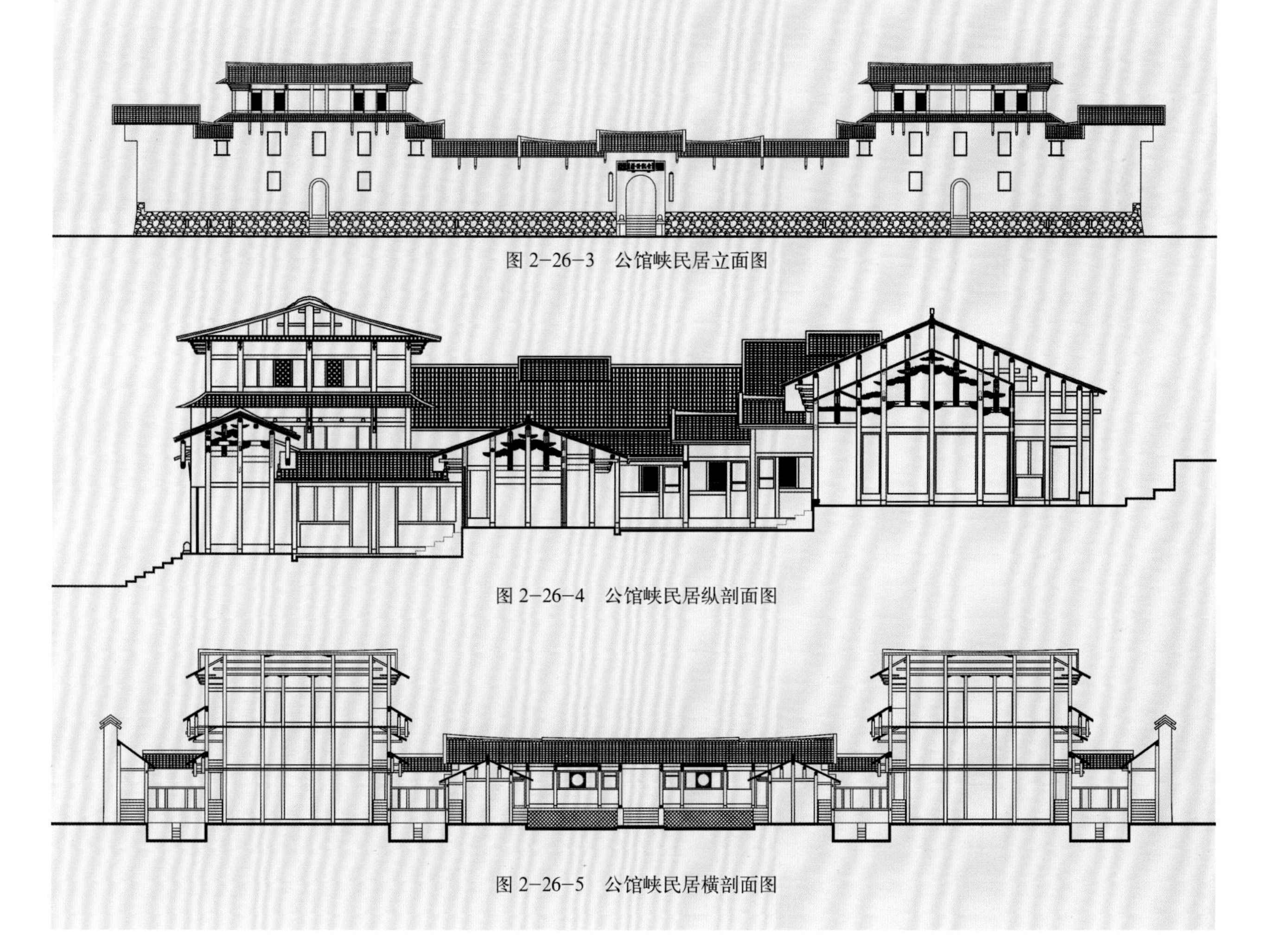

图 2-26-3　公馆峡民居立面图

图 2-26-4　公馆峡民居纵剖面图

图 2-26-5　公馆峡民居横剖面图

图 2-26-1　尤溪公馆峡民居

姐诗书女红之用房。公馆峡民居雕梁画栋，尤其是数量众多的窗花雕刻精细，美观大方，且大多保存比较完整。雕刻内容以吉祥如意、龙凤呈祥、福寿富贵等隐形表意纹饰为主，部分窗花也有人物、飞禽等图案。这些雕刻作品大多出自名匠之手，其造型准确，刀功细腻，具有较高的艺术欣赏价值（图 2-26-10 ~ 图 2-26-19）。

公馆峡民居为防御性庄园建筑，风格古朴，雄伟壮观，2009 年福建省人民政府将其公布为第七批省级文物保护单位。

图 2-26-6　公馆峡民居入口大门

图 2-26-7　入口大门背面

图 2-26-8　公馆峡民居左小姐楼

图 2-26-9　公馆峡民居右小姐楼

图 2-26-10　公馆峡民居三进大厅

图 2-26-11　侧庭院

图 2-26-12　厅堂梁架

图 2-26-13　公馆峡民居窗饰

图 2-26-14　公馆峡民居吉祥窗饰

图 2-26-15　公馆峡民居一进横向庭院内景

图 2-26-16　公馆峡民居一角

图 2-26-17　屋面防溅墙

图 2-26-18　垂花

图 2-26-19 楼上走廊

27 闽侯鸿尾溪源寨

溪源寨位于闽侯县鸿尾乡溪源村，建于清咸丰三年（1853年），占地面积6000多平方米（图2-27-1～图2-27-3）。溪源寨为穆源林氏裔孙林有宜所造。据《穆源林氏族谱》记载："有宜承先人薄业，益以妻亲资助，兴家构堡屋，宏敞冠全穆。置田产荫后人，诚可谓裕后之祖。"

溪源寨坐东向西，背靠苍翠的青山，面对广阔的田原和蜿蜒流淌的穆源溪。平面呈长方形，四周高墙包围，前左、后右犄角各建一座方形碉楼（图2-27-4）。围墙内楼房为全木构建筑，共有房屋232间。主楼三进布局，面阔五间，进深七柱，穿斗式木构架，悬山顶。左右配建厢房，面阔三间。紧贴正房两侧建双层木构楼房。四周紧贴寨墙建双层木构环楼，由吊脚楼与主楼连成，吊脚楼底层有宽阔的通廊。廊与天井用平整的石板铺设（图2-27-5～图2-27-7）。庭院内设有环形排水管道，具有排污防涝的作用。后庭院内凿两口水井，楼内还设有磨坊、浴房等配套设施，方便日常生活。

溪源寨有三个主要特点。一是用材巨大。堡内中轴线上依次建有门房、前庭（图2-27-8）、前厅（图2-27-9）、主庭（图2-27-11）、大厅（图2-27-10）、后庭（图2-27-12）、后厅（图2-27-13）等，梁柱粗大，出檐深远。大厅高大宽敞，为祭祖敬神、婚丧喜庆、宴请宾客等活动提供了良好的条件（图2-27-14）。前厅、大厅和厢房的前檐有4根通梁，长近15米，为福建土堡所罕见（图2-27-15、图2-27-16）。二是注重防御。寨墙分为两层，高约5米，墙体厚2.5米（图2-27-17）。底层约有2米高，两面用方整块石垒砌，中间填土，不辟房间，不开窗户；上层用生土、碎石夯筑，分内、外两墙，中间的夹道可贯通寨堡四周，外墙开有窄窗与枪眼，用以通风采光、观察敌情和狙击来敌。两犄角的碉楼高三层，设有瞭望窗（图2-27-18）和射击孔。寨堡正面有3个门，均设里外两重门。大门用硬木制成，厚达23厘米，外再钉以铁板，十分坚固。门顶上设有浇水口，一旦发现明火便可用水浇灭。三是装饰讲究。曲线优美的封火山墙与飞檐翘角交相辉映，更显得飘逸舒展（图2-27-19～图2-27-23）。高高凸起的墙顶用乳钉将一片片方形灰瓦镶嵌其上，犹如披上盔甲（图2-27-24），威严肃穆。封火墙内侧绘有各种花卉、人物图案，富有浓郁的民间生活气息。门窗木雕也格外引人注目，框以长、方、圆、八卦等多种形式装配，中雕刻人物故事、吉禽瑞兽、花鸟瓜果等各种图案，浮雕、圆雕、透雕等技艺并举，雕工精湛，形象逼真（图 2-27-25 ~ 图 2-27-30）。

溪源寨 1992 年被列为县级文物保护单位。

图 2-27-1　闽侯鸿尾溪源寨

图 2-27-2　溪源寨入口

图 2–27–3　溪源寨入口细部

图 2–27–5　溪源寨侧庭院 1

图 2–27–4　溪源寨碉楼

图 2–27–6　溪源寨侧庭院 2

图 2–27–7　溪源寨护楼

图 2–27–8　溪源寨前庭院

图 2–27–9　溪源寨入口门厅上部

图 2–27–11　溪源寨中庭院

图 2-27-10　大厅前近 15 米长的檐下通梁

图 2-27-12　溪源寨后庭院

图 2-27-13　厅堂后部

图 2-27-14　溪源寨厅堂

图 2-27-15　溪源寨梁架雕饰

图 2-27-16　溪源寨梁架雕饰 2

图 2-27-17　溪源寨侧墙

图 2-27-18　溪源寨侧墙上的瞭望窗

图 2-27-19　溪源寨山墙灰塑 1

图 2-27-20　溪源寨山墙灰塑 2

图 2-27-22　溪源寨正门上部出挑极大的雨披

图 2-27-21　溪源寨后侧屋面结构

图 2-27-23　溪源寨山墙墀头

图 2-27-24　溪源寨封火山墙的灰砖瓦钉墙体

图 2-27-25　老鼠葡萄

图 2-27-28　鸳鸯戏水

图 2-27-26　花开富贵

图 2-27-29　石榴多子

图 2-27-27　莲花盛开

图 2-27-30　仙桃献寿

致谢

笔者在调查和采访的过程中，得到原三明市文化局文物管理办公室主任现任福州大学建筑学院教授李建军先生、大田县博物馆馆长陈其忠副研究员、尤溪县博物馆馆长梁文斌副研究员等人的大力支持，在此表示衷心感谢！

参考文献

【1】李建军著．福建三明土堡群——中国古代防御性乡土建筑．福州：海峡出版发行集团（海峡书局），2010.

【2】刘晓迎著．神秘的客家土楼．福州：海潮摄影艺术出版社，2008.

【3】郑国珍主编．中国文物地图集——福建分册（上，下）．福州：福建省地图出版社，2008.